Anahita Khodakarami & Josefine Schubert

Kommunikationskompetenz für Führungskräfte

Wissen und Methoden für einen konfliktabbauenden und lösungsorientierten Umgang

managerSeminare Verlags GmbH, Edition Leadership kompakt

Anahita Khodakarami & Josefine Schubert

Kommunikationskompetenz für Führungskräfte

Wissen und Methoden für einen konfliktabbauenden und lösungsorientierten Umgang

3. Aufl. 2025
Endenicher Str. 41, D-53115 Bonn
Tel.: 0228 / 9 77 91-0
E-Mail: info@managerseminare.de
www.managerseminare.de/shop

ISBN: 978-3-95891-068-3

Herausgeber der Edition managerSeminare:
Ralf Muskatewitz, Jürgen Graf, Nicole Bußmann

Lektorat und Satz: Vera Sleeking, Josefine Schubert
Covermotiv und Grafiken: Josefine Schubert
Druck: Beltz Grafische Betriebe, Bad Langensalza

Das Buch wurde gedruckt auf enviro®polar und CircleOffset White. Die Papiere erfüllen die Auflagen der Umweltzeichen „Blauer Engel (RAL-UZ 72)" und „EU-Umweltzeichen (ECO-Label)". Die mit dem Druck verbundenen CO_2-Emissionen werden vom Verlag kompensiert und fließen in unterschiedliche Aufforstungsprojekte zum Klimaschutz. Nähere Informationen finden Sie unter: www.managerseminare.de/verlag/umwelt

Der Aufbau des Buches

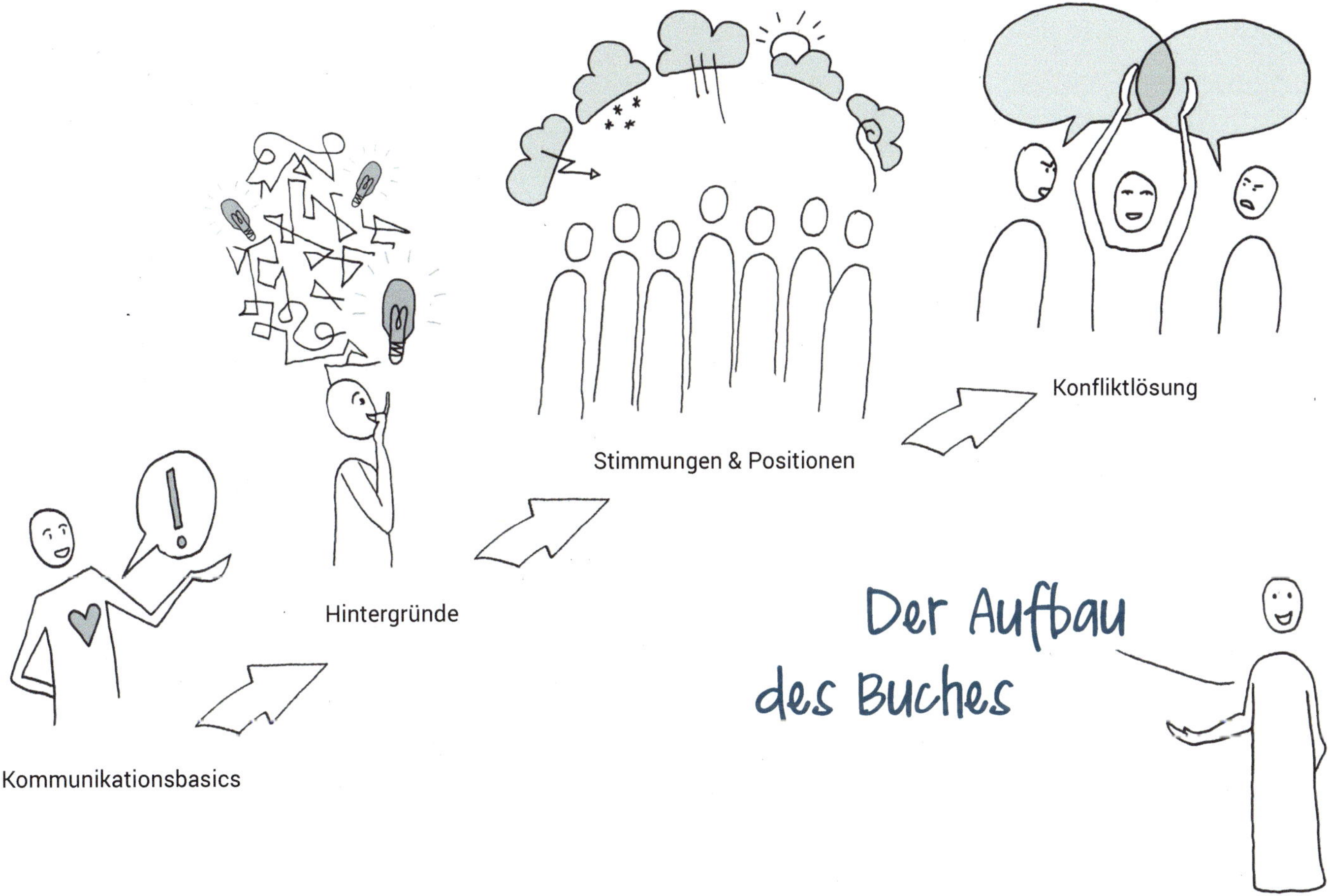

Inhaltsverzeichnis

Zu diesem Buch 7

1. Basistechniken: Kommunikation als Führungskraft

Haltung des Zuhörens 12
- Grundtechnik des Aktiven Zuhörens 13

Fragetechniken – Grundformen 16
- Wer fragt, der führt – Wer führt, der fragt 17
- Systemische Fragen 19
- Ressourcenfragen 21

Achtsame Sprache 22
- Aufreger vermeiden 23

Johari-Fenster 24
- Wahrnehmungslücken kennen 25

Feedback 26
- Rückmeldung geben, ohne zu verletzen 27
- Feedback geben – Grundregeln 29
- Das Mindset bei Feedback 31

2. Kommunikation: Das Gesagte und das Ungesagte

Grundlagen der Kommunikation 34
- Man kann nicht nicht kommunizieren 35

Das Eisbergmodell 36
- Verhalten und dahinterstehende Gefühle, Werte, Bedürfnisse 37
- Eisbergmodelle: Kommunikation und Unternehmenskultur 39

Das Kommunikationsquadrat 40
- Was alles in einer Aussage steckt 41
- Das Kommunikationsquadrat als Gesprächsleitfaden 45
- Feedback mit dem Kommunikationsquadrat 47

3. Reflexion: Was steuert mich (und andere) in der Kommunikation?

Antreiber 50
- Der Antrieb hinter Verhaltensweisen 51

Das innere Team 52
- Wer spricht da in mir? 53
- Innere Stimmen 55

Der Rollenkompass 56
- Was gehört zu meiner Rolle und was nicht? 57

„Wenn … werde ich … oder …“ 62
- Aus belastenden Verhaltensmustern befreien 63

4. Die Stimmung im Team

Das Vierfaktorenmodell ... 66
Läuft im Team alles rund? ... 67

Teamphasen ... 68
In welcher Situation befindet sich das Team? ... 69
Forming – Orientierung ... 71
Storming – Machtkampf und Kontrolle ... 73
Norming – Vertrag ... 75
Performing – Erfüllen ... 77
Führungsrelevanz ... 79

Positionierung im Raum ... 80
Teammitglieder beziehen Stellung und lernen sich kennen ... 81

Bilder für die Gesprächsführung ... 84
Mit Bildern Stimmung zum Ausdruck bringen ... 85

5. Konflikte und Lösungen

Konfliktarten ... 88
Wissen, wo Konflikte liegen können ... 89

Konfliktstile ... 90
Konfliktverhalten erkennen ... 91

Eskalationsstufen ... 92
In welcher Phase befindet sich der Konflikt? ... 93

Werte- und Entwicklungsquadrat ... 96
Werte reflektieren und Ausgleich schaffen ... 97

Wertstoffbohrung ... 100
Was ist uns wichtig? ... 101

Das Harvard-Konzept ... 104
Sachbezogenes Verhandeln ... 105
Konflikte moderieren nach dem Havard-Konzept ... 107

Der SolutionCircle ... 108
Ins Handeln kommen ... 109

World Café spezial ... 116
Ziel- und Themenbearbeitung ... 117

Wäscheleine ... 118
Gemeinsame Projekte abschließen ... 119

Literatur ... 122

Die Autorinnen ... 126

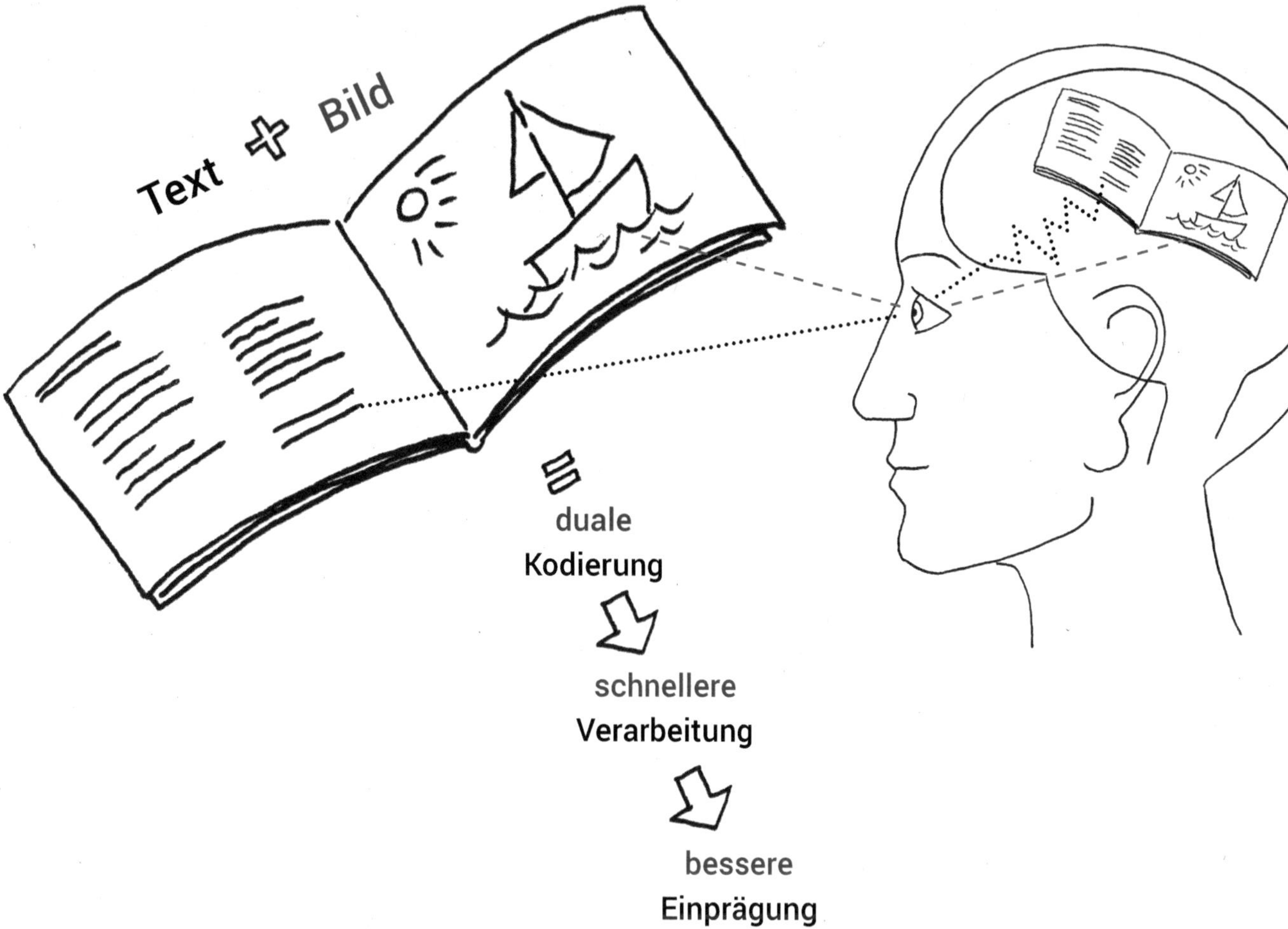
Text + Bild
=
duale
Kodierung
schnellere
Verarbeitung
bessere
Einprägung

Zu diesem Buch

Dieses Buch wendet sich an Führungskräfte von Teams und alle, die Kommunikationskompetenzen aufbauen wollen, mit denen sie zwischenmenschliche Spannungen vermeiden und Konflikte abbauen können.

In einer Arbeitswelt, die Flexibilität, Anpassung und stetiges Lernen verlangt, werden von Führungskräften Fähigkeiten der Moderation gefordert. Denn sie unterstützen ihre Teams mit ihren Kompetenzen darin, selbstorganisiert und interaktiv zu arbeiten, um auch unter volatilen Bedingungen Ziele erfolgreich zu erreichen. Gerade bei dieser Form der Arbeit mit dem Team ist dabei vor allem eine wertstiftende Kommunikations- und Feedback-Kultur unabdingbar. Sie ist die Voraussetzung für agiles Arbeiten, für reibungslose Abläufe und eine effiziente Zusammenarbeit.

Dementsprechend stellt Ihnen dieses kompakte Handbuch zunächst die Basistechniken der Kommunikation als Teamleitung vor. Dazu gehören etwa der zielführende Einsatz von Fragetechniken und auch der Austausch von Feedback. Der nächste Teil unterstützt Sie darin, zwischenmenschliche Kommunikation besser einordnen zu können. Dazu werden Modelle vorgestellt, die Sensibilität fördern: sowohl für die verschiedenen Ebenen, auf denen Kommunikation stattfindet, als auch dafür, was uns selbst und was andere in unserer/ihrer Kommunikation steuert. Um zu ermitteln, wie die Stimmung im Team ist und wo es möglicherweise hakt, lernen Sie anschließend eine Reihe von Werkzeugen kennen, die sofort zur Analyse eingesetzt werden können. In diesem Handbuch geht es um Situationen, die eine größere Herausforderung darstellen: Lernen Sie, den Charakter eines Konflikts zu identifizieren und entsprechend mit ihm umzugehen, um schließlich ein konfliktbeladenes Team in die Produktivität zurückzuführen.

Wenn Sie sich Kommunikationswissen aneignen, es schnell erfassen und umsetzen möchten, kann dieses kompakte Handbuch Ihr Begleiter werden, der Modelle und Methoden mit Bildern präsentiert.

Ich sehe im Buch so aus.
In Wirklichkeit sehe ich so aus, oder so,
oder noch ganz anders ...

Wieso mit Bildern?

Die visuelle Darstellung verdeutlicht auf einen Blick, wie die Methoden und Modelle funktionieren und anzuwenden sind. Denn visuelle Wahrnehmung ist schnell und effizient. Circa 80 Prozent der übertragenen Informationen werden visuell empfangen. Bildliche Darstellungen werden 60.000-mal schneller verarbeitet als Text. Verschiedene Bilder können gleichzeitig, Worte dagegen nur nacheinander verarbeitet werden – weswegen Menschen seit jeher ihre Informationen, Ideen, Erkenntnisse oder Sachverhalte in Bildern ausdrücken und festhalten.

Wichtige Hinweise!

- Wir haben bewusst auf vertiefende Hintergrundinformationen verzichtet und bieten dafür unter „Literatur“ unsere Primärquellen und weiterführende Hinweise an (s. ab S. 122).
- Die Methoden und Tools sind in ihrer Komplexität unterschiedlich. Die meisten sind auch ohne größere Vorkenntnisse umsetzbar, während einige eher dann empfehlenswert sind, wenn Sie schon etwas geübter im Moderieren sind. Fühlen Sie sich bei einer Methode zu unsicher oder fühlen Sie sich zu sehr in Teamauseinandersetzungen involviert, ist die Moderation durch eine externe Person zu empfehlen.
- Das nebenstehende Pfeil-Icon zeigt an, wenn zu einer Methode oder einem Tipp Material vorhanden ist, das Sie herunterladen können. So können Sie es ausdrucken und direkt selbst einsetzen. Auch einige der Symbol-Grafiken in diesem Buch stehen Ihnen zum Herunterladen zur Verfügung. Möchten Sie auf die Download-Ressourcen zugreifen, dann geben Sie den folgenden Link in Ihre Browser-Zeile ein und folgen Sie dann der Download-Routine: https://www.managerseminare.de/tmdl/b,275041

- Und last but not least: Wir sprechen in diesem Buch selbstverständlich alle Geschlechter gleichermaßen an.

Basistechniken

Kommunikation als Führungskraft

Haltung des Zuhörens

Offenheit ... authentisches Auftreten und ... eine positive Grundhaltung zum Gegenüber.

Grundtechnik des Aktiven Zuhörens

Nutzen

Durch eine Haltung des Aktiven Zuhörens nach Carl Rogers kann dem Gegenüber Akzeptanz und Verständnis vermittelt werden. Auf diese Weise wird Vertrauen aufgebaut und es wird dazu ermuntert, weiterzureden. Geben Sie durch Ihre Technik des Zuhörens Ihrem Gegenüber den Raum, seine Bedürfnisse und Gefühle auszudrücken. So wird es Ihnen erleichtert, empathisch zu sein und Missverständnisse zu vermindern. Und das allein führt oft schon zu einer deutlich schnelleren Problemlösung. Insgesamt können Sie durch Aktives Zuhören die zwischenmenschliche Kommunikation maßgeblich verbessern – sowohl auf der persönlichen als auch auf der sachlichen Ebene.

Beschreibung

Zuhören (1. Stufe)
Signalisieren Sie beim Zuhören nonverbal, dass Sie zugewandt sind: durch Signale wie Blickkontakt und zustimmende Geräusche.

Sachliches Verstehen (2. Stufe)
Fassen Sie das Gehörte in eigenen Worten zusammen. Das Paraphrasieren dient zur Kontrolle, dass die gesendete Botschaft vom Empfänger auf der Sachebene richtig verstanden wurde. Etwa:

„Verstehe ich Sie richtig, dass Sie unter Druck stehen, weil das Beantworten eingehender Telefonate sehr viel Ihrer Zeit und Aufmerksamkeit in Anspruch nimmt, während Sie die Berichte a, b und c zeitnah fertigstellen müssen?"

Gefühle verbalisieren (3. Stufe)
Verbalisieren Sie, welche Gefühle Sie bei der erzählenden Person wahrgenommen haben und benennen Sie aus der Ich-Perspektive, welche Bedürfnisse Sie dahinter vermuten. Beispielsweise:

Konzentration auf das Gegenüber und Blickkontakt.
Bestätigungslaute geben und eigene Gedanken und Assoziationen abschalten.

Das Gehörte in eigenen
Worten zusammenfassen

Empathisch Gefühle erkennen
und verbalisieren

„Für mich klingt das so, als wünschten Sie sich Entlastung von der Telefonverantwortung für gewisse Zeitfenster."

Hinweis

- Emphatisches Zuhören bedeutet nicht, dass der inhaltlichen Botschaft zugestimmt werden muss. Sich das selbst klarzumachen, erleichtert es Ihnen, diese Haltung einzunehmen.
- Beachten Sie beim Aktiven Zuhören, dass Sie keine Ratschläge erteilen! (Also kein: *„Sie sollten/Sie müssen ..."*)
- Im interkulturellen Kontext ist bei der ersten Stufe zu beachten, dass die nonverbalen Signale, wie z. B. die Mimik oder Laute und Geräusche, richtig gedeutet werden.
- Hilfreiche Übungen zum Aktiven Zuhören finden Sie in „Kommunikationstrainings erfolgreich leiten" von Thomas Schmidt oder unter der Toolsammlung von *www.trainerkoffer.de.*

Fragetechniken – Grundformen

Geschlossene Fragen

„Fanden Sie das Meeting gestern zu lang oder zu kurz?"

„Haben Sie nächsten Dienstag um 8:00 Uhr Zeit für die nächste Projektplanung?"

„Sie sehen nicht gut aus, möchten Sie nach Hause?"

→ Kurze, präzise Stellungnahme, bestimmte Informationen, Entscheidungen werden abgefragt.

Weniger geschlossen wirkt die Alternativ-Frage (Entscheidungsfrage):

„Möchten Sie das Gespräch am Dienstag oder am Donnerstag führen?"

Offene Fragen

„Wie sehen Sie das?"

„Wie geht es Ihnen?"

„Wie fanden Sie die Teamsitzung gestern?"

„Was ist Ihnen durch den Kopf gegangen?"

„Wie haben Sie sich dabei gefühlt?"

→ Redefluss wird angeregt und Interesse gezeigt.

Wer fragt, der führt – Wer führt, der fragt

Nutzen

Mit Fragen können Sie ermitteln, welches Wissen und welche Ressourcen Teammitglieder in das Team einbringen könnten. Und Fragen sind das Steuerungsinstrument, um diese Ressourcen dann sinnvoll einzusetzen. Auch Konflikte innerhalb von Teams können Sie mit gezielten Fragen moderieren und so das Team effizient bei der Problemlösung unterstützen. Nicht zuletzt sind Fragetechniken ein Instrument der Gesprächsführung bei Mitarbeitergesprächen. Es gibt zwei Grundformen von Fragen:

Offene Fragen

Bei einer offenen Frage wird der antwortenden Person die Länge und der Inhalt der Kommunikation überlassen. Dementsprechend stellen offene Fragen Kontakt her und ermöglichen einen intensiven Austausch. Sie halten die gegenseitige Kommunikation am Laufen.

Der Nachteil ist, dass man die Länge und den Informationsgehalt nicht abschätzen kann, da die Steuerung des Gesprächs bei der/dem Befragten liegt.

Geschlossene Fragen

Geschlossene Fragen zielen auf eine genaue, eindeutige Information oder Entscheidung ab. Sie erzeugen jedoch keine Mehrinformation, keinen Gesprächsfluss. Die fragende Person steuert das Gespräch und die Informationen, die sie erhalten möchte. Sie trägt den Hauptteil der Kommunikation.

Wer auf diese Weise befragt wird, wird eher kurz und einsilbig antworten und kann sich leicht in die Defensive gedrängt fühlen.

Hinweis

Eine „Warum-Frage“ sollte so wenig wie möglich eingesetzt werden. Warum-Fragen können bei den Gefragten tendenziell das Gefühl der Rechtfertigung erzeugen. Sie schaffen kein Gespräch auf Augenhöhe, sondern vermitteln eine Hierarchie. Alternativen dazu sind zum Beispiel:

„Wie sind Sie zu dieser Entscheidung gekommen?“, „Wofür war Ihnen das wichtig?“, „Welche Annahmen haben Sie zu der Handlung geführt?“

Skalierungsfragen

„Auf einer Skala von 1 bis 10: Wie groß ist Ihr Wunsch, in einer Auslandsniederlassung innerhalb des Unternehmens zu arbeiten?"

„Auf einer Skala von 1 bis 10: Wie gut funktioniert die Zusammenarbeit im Team? Wo auf der Skala befindet sich das Team da gerade?"

„Was müsstet Ihr tun, um Euch auf der Skala um einen Punkt zu verbessern/zu verschlechtern?"

Zirkuläre Fragen

„Was glaubt Ihr, was Abteilung X über diese Abteilung denkt?"

„Was glauben Sie, wie Frau Y in der Situation gehandelt hätte?"

„Wie werden die Kunden auf die neue Vertriebsstruktur mit neuen Ansprechpartnern reagieren?"

„Meinen Sie, die anderen empfinden die Atmosphäre im Team ähnlich wie Sie?"

Hypothetische Fragen

„Stellen Sie sich vor, …", „Was wäre, wenn …"

Wunderfrage

„Angenommen, es würde über Nacht, während Sie schlafen, ein Wunder geschehen – und alle Ihre Probleme sind gelöst … Woran würden Sie das merken? Was wäre anders?"

Systemische Fragen

Nutzen

Mit systemischen Fragen können Sie unterschiedliche Perspektivwechsel induzieren, um Situationen aus vielfältigen Blickwinkeln zu betrachten. So legen Sie den Fokus auf die Entwicklung von Lösungsstrategien und damit weg von der Analyse von Problemen und Ursachen.

Im Hintergrund dieser Fragen steht das systemische Denken. Diesem liegt die Annahme zugrunde, dass alles miteinander verbunden ist, sich aufeinander bezieht und nicht in allen Details vorhersehbar aufeinander einwirkt – wie bei einem biologischen Organismus.

Dem systemischen Denken liegt außerdem der Gedanke zugrunde, dass es keine objektive Realität gibt, sondern dass sich jeder Mensch durch sein eigenes Erleben, seine Wahrnehmung und sein Verhalten seine eigene „Realität" erschließt (der sogenannte „Konstruktivismus"). Das heißt, es gibt nicht nur eine – „die" – Wirklichkeit, sondern so viele „Wirklichkeiten", wie es beteiligte Menschen in dem System gibt.

Skalierungsfragen

Hiermit wird eine Klassifizierung, eine Bewertung oder der Status quo abgefragt. Häufig können Sie durch Skalierungsfragen viele Informationen erhalten, vor allem, wenn Sie die Fragen dem ganzen Team stellen.

Zirkuläre Fragen

Das Umfeld eines Problems wird einbezogen. Dadurch können für Sie Zusammenhänge und Verknüpfungen sichtbar werden. Dazu werden z.B. Sichtweisen anderer Personen mit eingebunden oder es wird aus anderer Orts- oder Zeitperspektive auf eine Situation geschaut.

Hypothetische Fragen

Gedankenexperimente erweitern die Vorstellung davon, was alles möglich ist. Der oder die Befragte soll sich in eine Situation oder einen fiktiven Zustand denken.

Wunderfrage

Dies ist eine handlungsorientierte Frage, wenn das Ziel bereits präzisiert worden ist.

„Frau Y, welche der Projekte, an denen Sie in den vergangenen zwei Jahren beteiligt waren, haben Ihnen besonders gut gefallen?"

„Welche Fähigkeiten vom damaligen Projekt sind für dieses von Nutzen?"

„Was war anders?"

„Wie genau ist Ihnen das gelungen?"

„Was glauben Sie, welche Ihrer Eigenschaften für das jetzige Projekt von Vorteil sind?"

„Was war Ihre Funktion in der Situation?"

„Welche Ihrer Fähigkeiten konnten Sie dabei einsetzen, um das Projekt für sich gut abzuschließen?"

Ressourcenfragen

Nutzen

Ressourcenfragen möchten die Kapazitäten und Fähigkeiten einer Person aufdecken. Da Ressourcen überall schlummern, können diese Fragen auf allen Ebenen der menschlichen Persönlichkeit gestellt werden: zu Werten, Glaubenssätzen, Fähigkeiten, Erfahrungen und Verhalten.

Die Grundannahme nach Milton H. Erickson ist, dass jeder Mensch ausreichend Erfahrungen sowie bewusstes und unbewusstes Wissen besitzt, um mit unterschiedlichen Situationen lösungsorientiert umgehen zu können. Vor allem, wenn es um Problemlösung geht, können Sie durch gezielte Ressourcenfragen Erfahrungen und Wissen ermitteln, um es zu aktivieren und nutzbar zu machen.

Achtsame Sprache

Keine Belehrung!

„Das habe ich Ihnen bereits erklärt."

„Das sollten Sie wissen!"

Kein „aber"!

Ersetzen Sie es durch:

und gleichzeitig dennoch jedoch trotzdem

Keine Drohung!

„Das würde ich mir überlegen."

Keine Warnung!

„Wo soll das noch hinführen?!"

Es geht um Ihr Gegenüber

„Ichbezogenheiten" vermeiden!

Ausdrücke wie:

„Ich finde",
„Meiner Meinung nach ...",
„Ich an Ihrer Stelle ...",
„ich würde es anders machen",
können eine Beratung stören.

„Ich zeige Ihnen mal" → „Sie sehen hier"
„Ich gebe Ihnen" → „Sie erhalten ..."

Positiv formulieren!

Das Glas ist halb voll!
„Es gelingt noch nicht."

„Da haben Sie mich falsch verstanden."
→ *„Ich will es anders sagen."*

Aufreger vermeiden

Klarheit

Ohne Verbal-Pölsterchen!

Weichmacher wie

„eigentlich", „vielleicht", „eventuell", „einigermaßen", „möglicherweise"

reduzieren das Gewicht unserer Aussagen und Angebote.

Konjunktive reduzieren Verbindlichkeit und Bestimmtheit.

„Dadurch würden Sie erreichen ..."
→ „Sie erreichen damit ..."

„Ich würde vorschlagen ..."
→ „Ich schlage vor ..."

Keine Killerphrasen!

„Das haben wir schon immer so gemacht!"
„Darüber reden wir ein anderes Mal."

Im Hier und Jetzt!

Zukunftsaussagen wecken Zweifel.

„Ich werde das prüfen."
→ *„Ich prüfe das."*

Bestimmt!

Ich glaube, vermute, muss, könnte, sollte, versuche ... Diese Formulierungen können auf das Gegenüber unsicher wirken.

Sicherer klingen Formulierungen wie:

→ *Ich bin sicher/überzeugt/habe die Information, dass ...,*
→ *Ich will, werde, mir ist wichtig ..., mein Ziel ist ...*

Johari-Fenster

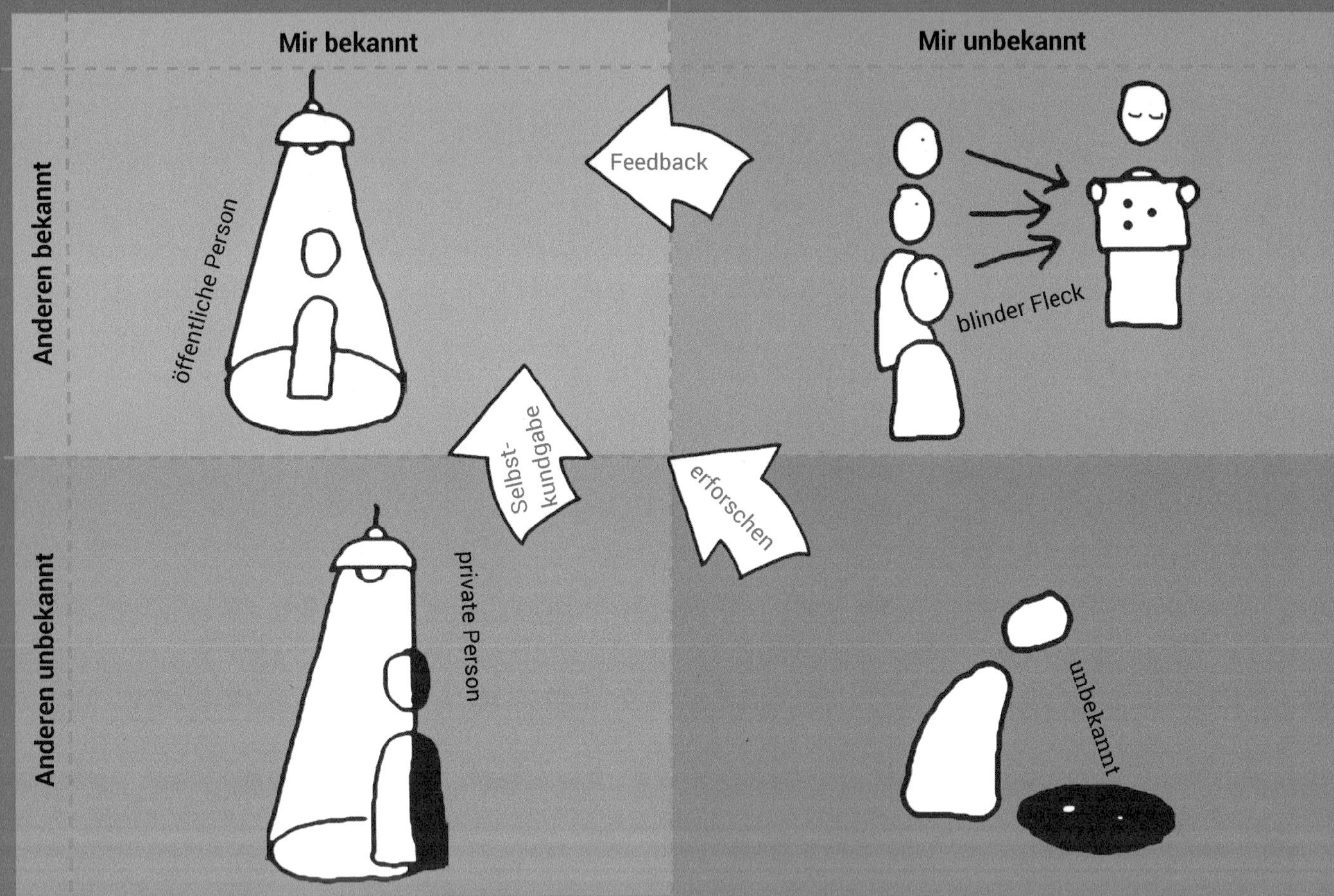

Wahrnehmungslücken kennen

Nutzen

Das Johari-Fenster veranschaulicht die Fremd- und Selbstwahrnehmung. Es schafft ein Bewusstsein dafür, wie andere Sie wahrnehmen und wie Sie sich selbst sehen. Mit diesem Wissen besteht die Möglichkeit, das eigene Verhalten bewusster zu steuern. Das trägt dazu bei, das eigene Verhalten und dessen Wirkung auf andere genauer einschätzen zu können und ermöglicht einen besseren Arbeitsablauf.

Beschreibung

Die vier Bereiche des Johari-Fensters stellen Facetten der Persönlichkeit dar, die jeder Mensch hat. Um das Verständnis füreinander zu fördern, ist das Ziel, den Bereich sinnvoll zu vergrößern, der zur öffentlichen Person gehört. Dies kann auf zweierlei Wegen geschehen:

Etwas von der privaten Person wird durch Selbstkundgabe preisgegeben (innerhalb einer Gruppe oder zwischen zwei Personen):

„Mir ist wichtig, dass …", „Ich mag es nicht, wenn …", „Mich belastet ein Krankheitsfall in der Familie, sehen Sie mir nach, wenn ich im Moment …"

Durch das Feedback anderer werden eigene, unbewusste Verhaltensweisen bewusst und somit der blinde Fleck verkleinert. Hinweise zum Geben von Feedback finden Sie auf den nächsten Seiten.

Hinweis

Eine kleine Übung zum Johari-Fenster können Sie unter den Download-Ressourcen zu diesem Buch herunterladen (s. Hinweis auf S. 9).

Feedback

Feedback hilft
bei der Selbsteinschätzung.

Feedback steuert Verhalten.

Beim Feedback geht es
um Wahrnehmung,
nicht um Wahrheit.

Positives Feedback ermutigt
und hebt die Motivation.

Feedback fördert
persönliche Lernprozesse.

Feedback hilft,
zielgerichtet zu arbeiten.

Rückmeldung geben, ohne zu verletzen

Nutzen

Einzelpersonen profitieren von Feedback, weil ihnen unbewusste Verhaltensweisen bewusst werden. Das ist die Voraussetzung, um an den unerwünschten Verhaltensmustern gezielt arbeiten zu können. Zudem können durch das Preisgeben von Persönlichem innere Anspannungen verringert werden, die entstehen, wenn man Informationen für sich behält.

Teams profitieren von gegenseitigem Feedback, weil das Handeln der Personen transparenter wird. Das gegenseitige Verständnis wird ebenfalls vergrößert, da Teammitglieder ihr gegenseitiges Verhalten besser einordnen können.

Neue Gruppen lernen sich schneller kennen, wenn bewusst darauf geachtet wird, den „öffentlichen Bereich" der Mitglieder zu vergrößern. Insgesamt bessert sich die Qualität der Beziehungen und die Arbeitsfähigkeit wird verbessert.

Beschreibung

Für das Geben von Feedback gibt es acht einfache, aber wichtige Vorgehensregeln, die auf der folgenden Doppelseite dargestellt sind.

Hinweis

Feedback dient nicht zur Wahrheits- oder Fehlersuche. Beim Feedback geht es um Wahrnehmung. Wie nimmt man Menschen wahr und wie wird man wahrgenommen? Feedback ist dann sinnvoll, wenn die Feedback-Nehmenden grundsätzlich die Möglichkeit einer Verhaltensänderung haben. Positives Feedback hat ebenfalls zum Ziel, ein Bewusstsein für das bereits vorhandene Verhalten zu schaffen.

Der Lehrtrainer und Kommunikationsberater Thomas Schmidt hat einen Feedback-Bogen als Einschätzungshilfe entwickelt, er ist Teil seines Trainingskonzepts „Kommunikationstrainings erfolgreich leiten – Der Seminarfahrplan". Mit seiner freundlichen Genehmigung bieten wir diesen Feedback-Bogen zum Download an.

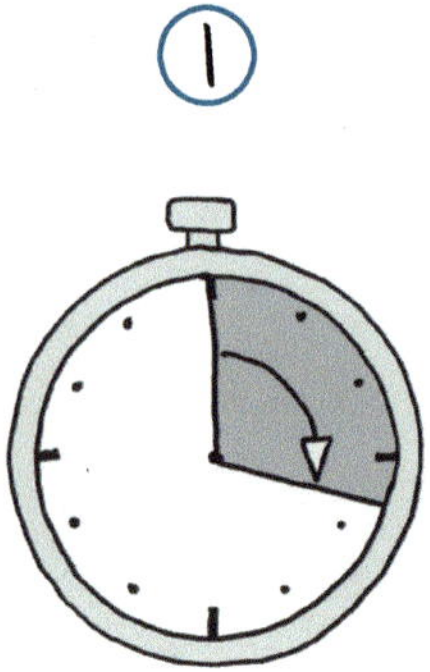

Zeitnah Feedback geben

Nehmen Sie sich ausreichend Zeit!

Nutzen Sie einen geschützten Raum

Bereitschaft abfragen

„Sind Sie bereit für ein Feedback?"

Feedback geben – Grundregeln

④

Beobachtung schildern

Ohne Bewertung und ohne Interpretation, konkret auf die Sache bezogen:
„Ich habe beobachtet, dass …"
„Mir ist aufgefallen, dass …"

⑤

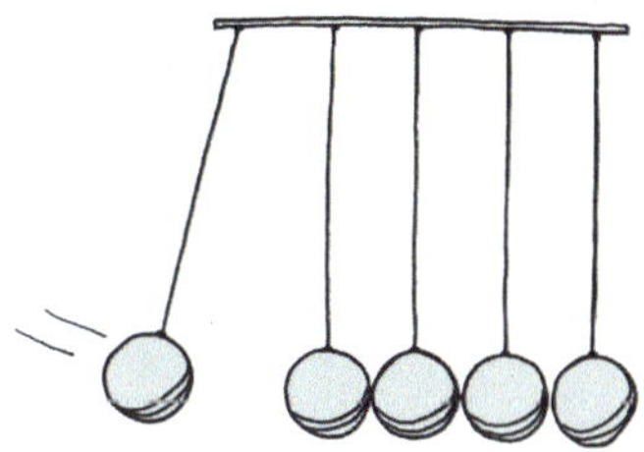

Wirkung erläutern

„Das wirkt auf mich …"
„Das hat zur Folge, dass …"

⑥

Wunsch/Bitte/ Vorschlag formulieren

„Ich bitte Dich/wünsche mir/ schlage vor, dass …"

Ich beginne
mit
etwas Positivem!
Es ist ein Angebot,
die Person darf
selbst entscheiden,
was sie damit macht!
Ich achte darauf,
möglichst objektiv
zu beschreiben
–
ohne Bewertung
und ohne
Interpretation.
Warum nehme ich Dich
so wahr?
Was löst Du in mir aus?
Womit hat das zu tun?
Wie gut kenne ich mich
in diesem Bereich aus?
Welche Werte oder Leitlinien
meines Lebens werden hier
eventuell berührt?

Das Mindset bei Feedback

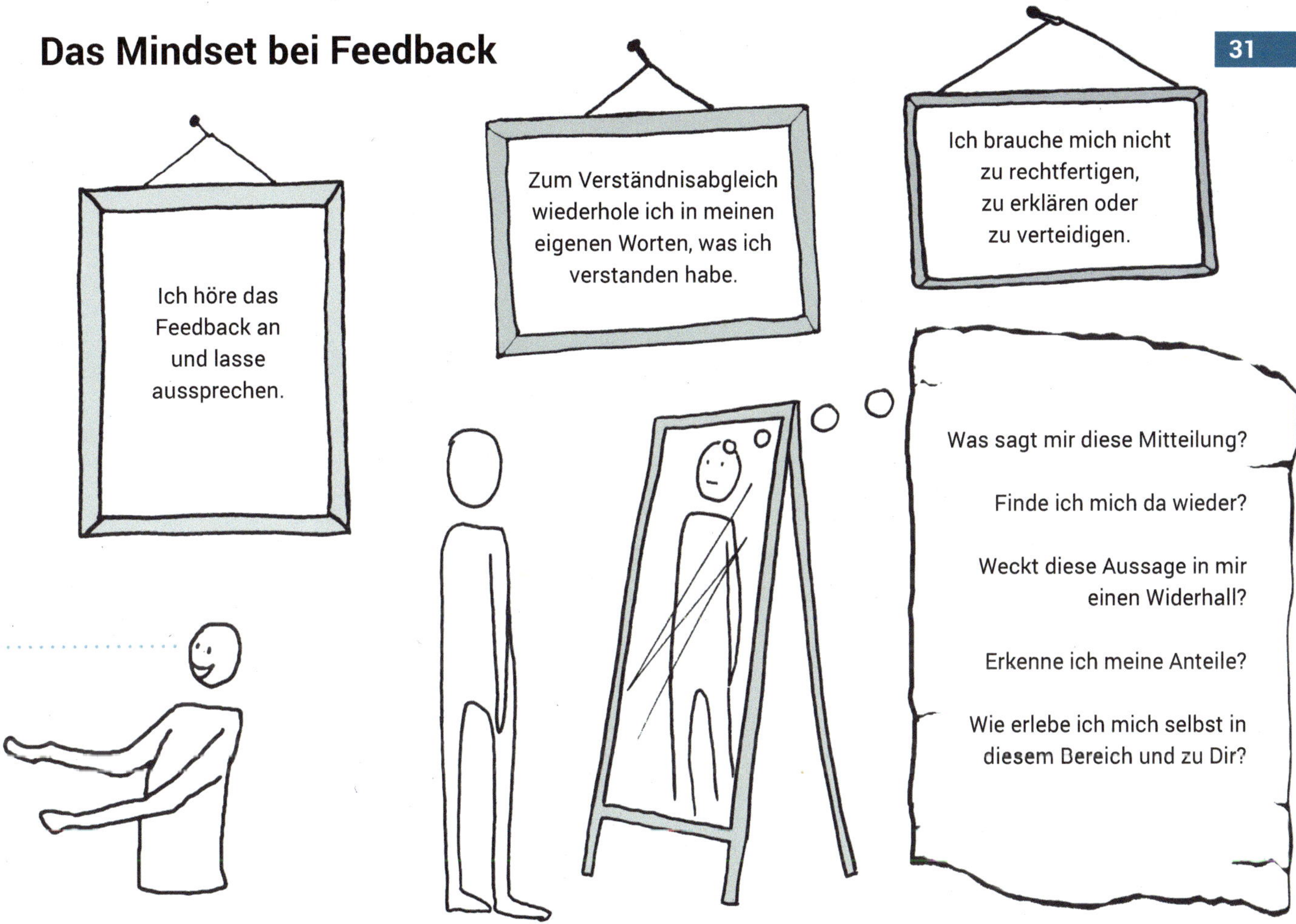

Kommunikation

Das Gesagte und das Ungesagte

Grundlagen der Kommunikation

Man kann nicht nicht kommunizieren

Kommunikation verbindet, wenn sie gelingt.

Unsere Art zu kommunizieren – welche Worte wir benutzen, wie wir wahrnehmen und bewerten, einschließlich der Körpersprache – ist durch unsere individuellen Erfahrungen geprägt.

Dabei machen die gesprochenen Worte im Kommunikationsprozess den geringsten Teil aus. Vielmehr achten wir auf die Mimik, Gestik, Körperhaltung und den Tonfall unseres Gegenübers und bemessen daran, wie die Person zu uns steht. „Man kann nicht nicht kommunizieren", lautet dementsprechend ein bekanntes Axiom des Kommunikationswissenschaftlers Paul Watzlawick.

Dieser Prozess läuft überwiegend unbewusst ab. Wir können uns jedoch für solche Abläufe sensibilisieren und mit entsprechenden Methoden unsere Kommunikation verbessern. Denn die Qualität unserer Kommunikation ist entscheidend für unsere Beziehungen im privaten und beruflichen Leben. Dabei gilt: *„Wer sich selbst versteht, kommuniziert besser."* (Schulz v. Thun)

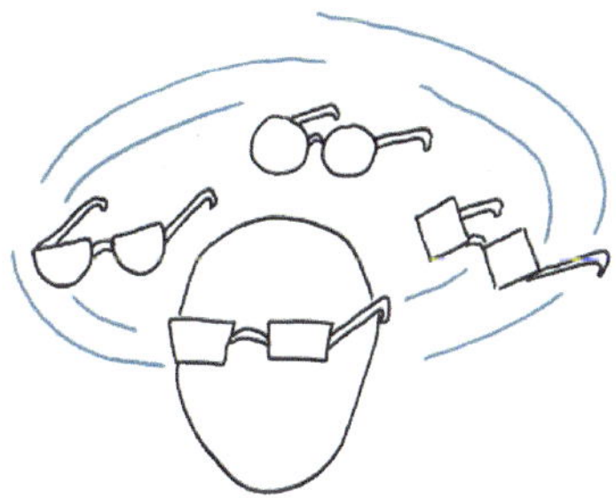

Das Eisbergmodell
Verhalten
verärgert, ausweichend, entgegenkommend, freundlich, schweigsam, unruhig, erregt, aufgeschlossen, distanziert, entspannt, unentschlossen, motiviert, oppositionell, wütend, erfreut, empört
sichtbar
unsichtbar
Gefühle & Gedanken
Hemmung, Dankbarkeit, Einsamkeit, Entspannung, Inspiration, Irritation, Kraft, Ambivalenz, Verwirrung, Verzweiflung, Zuversicht, Abgelehntsein, Angegriffensein, Beschuldigtsein, Hintergangensein, Übergangensein, Unter-Druck-gesetzt-Sein, Unverstandensein, Neid
Innere Haltung
Werte
Aktivität, Aufrichtigkeit, Authentizität, Ehrlichkeit, Erfolg, Familie, Freude, Gerechtigkeit, Harmonie, Kontrolle, Individualität, Loyalität, Ordnung, Selbstverwirklichung, Vertrauen, Wirksamkeit, Zugehörigkeit
Bedürfnisse
Achtsamkeit, Akzeptanz, Balance von Arbeit und Freizeit, Bedeutung, Beziehung, Effektivität, Einfühlsamkeit, Entwicklung, ernst genommen werden, Freizeit, Integrität, Konzentration, Orientierung, Respekt, Sicherheit, Selbstbestimmung, Toleranz, Wertschätzung, wirtschaftliche Sicherheit, Transparenz

Verhalten und dahinterstehende Gefühle, Werte, Bedürfnisse

Nutzen

Das Eisbergmodell wird zur Analyse von Strukturen und Situationen eingesetzt. Hier kann es das Verständnis des Zusammenhangs von Verhalten (sichtbar) und Motiven (unsichtbar) verbessern. Sie können es zur Klärung von Konfliktsituationen einsetzen, um beispielsweise herauszufinden, auf welcher Ebene sich der Konflikt zwischen zwei Parteien befindet.

Beschreibung

Das Eisbergmodell ist ein Grundlagenmodell der Kommunikationswissenschaften und existiert in verschiedensten Varianten. Allen Varianten zugrunde liegt eine 80/20-Aufteilung: Lediglich 20 Prozent unserer Persönlichkeit sind für andere Sicht- und wahrnehmbar, während 80 Prozent unter der Oberfläche verborgen bleiben. Das Verborgene beeinflusst jedoch die sichtbaren Bereiche sehr stark. Erst durch das Wissen um die verborgenen Teile kann man die sichtbaren Bereiche im richtigen Zusammenhang verstehen und entschlüsseln.

Ein Beispiel: Ein Mitarbeiter opponiert gegen die neue Kollegin. Er wirft ihr inkompetentes Verhalten vor. Dahinter kann aber seinerseits, auf der Beziehungsebene, das Gefühl von Frustration stehen, da sie einen Aufgabenbereich bekommen hat, den er gerne übernehmen wollte. Hier liegt die Lösung nicht auf der Ebene, die an die Oberfläche tritt: der Vorwurf inkompetenten Verhaltens. Gelöst werden kann der Konflikt nur im Wissen um die darunterliegende Ebene und indem die Konkurrenzsituation angegangen wird.

Liegt der Konflikt auf der Ebene der Bedürfnisse, lässt er sich regeln, indem die Bedürfnisse nachvollziehbar gemacht werden und die Lösung diese berücksichtigt (s. Harvard-Konzept, S. 104).

Wertekonflikte können, anders als Bedürfniskonflikte, auch dann auftreten, wenn das Verhalten des anderen einen gar nicht direkt beeinträchtigt. Auch hier sind Zuhören und Reden wichtig. (hier kann die Methode „Wertstoffbohrung" vertiefend wirken, s. S. 100).

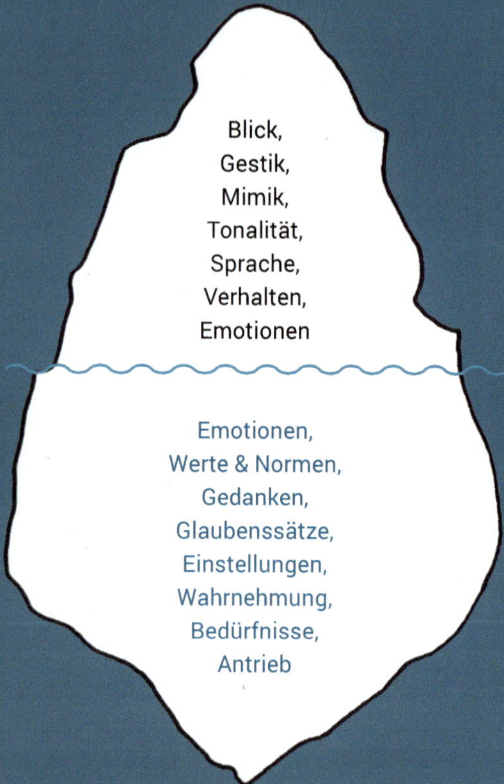

Kommunikation

Unternehmenskultur

Eisbergmodelle: Kommunikation und Unternehmenskultur

Varianten des Eisbergs veranschaulichen verschiedene Anteile eines Menschen und das, was von ihm als kulturelle, kommunizierende und im Arbeitsumfeld agierende Person wahrnehmbar ist und was nicht.

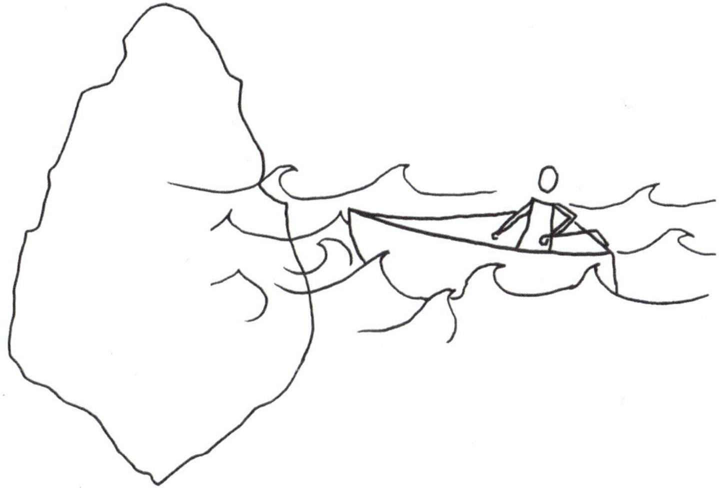

Hinweis

Grundsätzlich gilt, dass die Bedeutung des Sichtbaren von der Person und ihrer kulturellen Prägung sowie vom Kontext abhängt. Ein Lächeln beispielsweise kann sowohl auf Freude als auch auf Verachtung oder Trauer hinweisen. Unternehmerische Ziele und Strategien sind teilweise sichtbar und teilweise unsichtbar.

Das Kommunikationsquadrat

Was alles in einer Aussage steckt

Nutzen

Das Kommunikationsquadrat des Kommunikationswissenschaftlers Friedemann Schulz von Thun dient zum Verständnis von Gesprächen. Es ist ein Analyseinstrument bei Konflikten und eignet sich zur Klärung von Missverständnissen.

Beschreibung

Das Kommunikationsquadrat veranschaulicht die Komplexität von Kommunikation zwischen dem Sender und dem Empfänger einer Nachricht. Das Modell zeigt, dass jede Äußerung auf vier unterschiedlichen Ebenen gesendet und empfangen wird. Auf welcher Ebene eine Äußerung gehört wird, bestimmt den weiteren Verlauf der Kommunikation.

Die Beziehungsebene wird maßgeblich von non- und paraverbalen Kommunikationssignalen wie dem Tonfall, dem Gesichtsausdruck und der Körperhaltung beeinflusst und offenbart, wie Sender und Empfänger im Moment des Sendens und Empfangens zueinander stehen.

Hinweis

Alle Menschen haben unterschiedliche Ausprägungen im Senden und Empfangen von Nachrichten. Dies hängt mit der persönlichen Prägung zusammen. Hinzukommen können kulturbedingte Tendenzen, Nachrichten beispielsweise eher auf der Sachebene oder eher auf der Beziehungsebene zu empfangen.

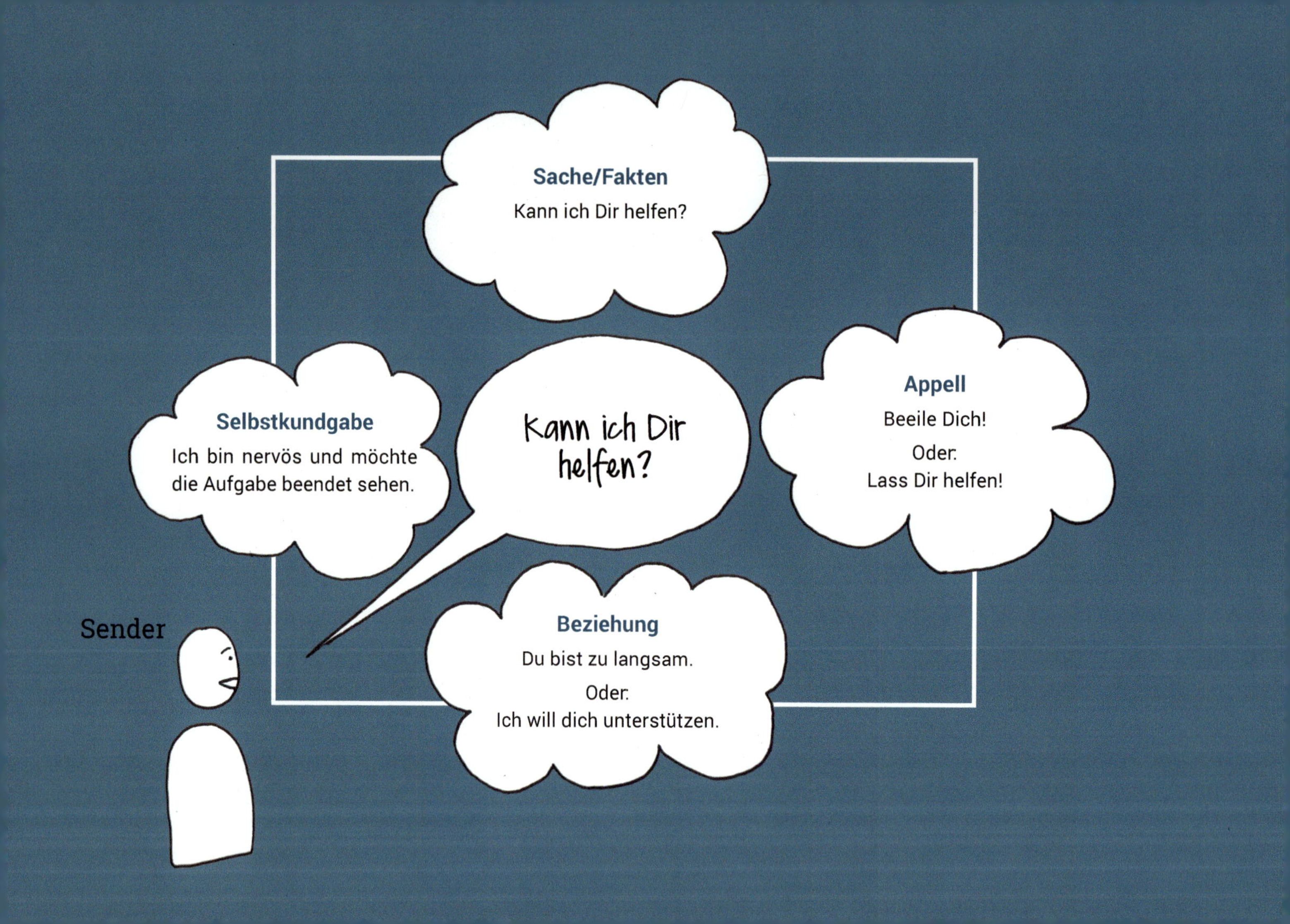
Sache/Fakten
Kann ich Dir helfen?
Selbstkundgabe
Ich bin nervös und möchte die Aufgabe beendet sehen.
Kann ich Dir helfen?
Appell
Beeile Dich!
Oder:
Lass Dir helfen!
Sender
Beziehung
Du bist zu langsam.
Oder:
Ich will dich unterstützen.

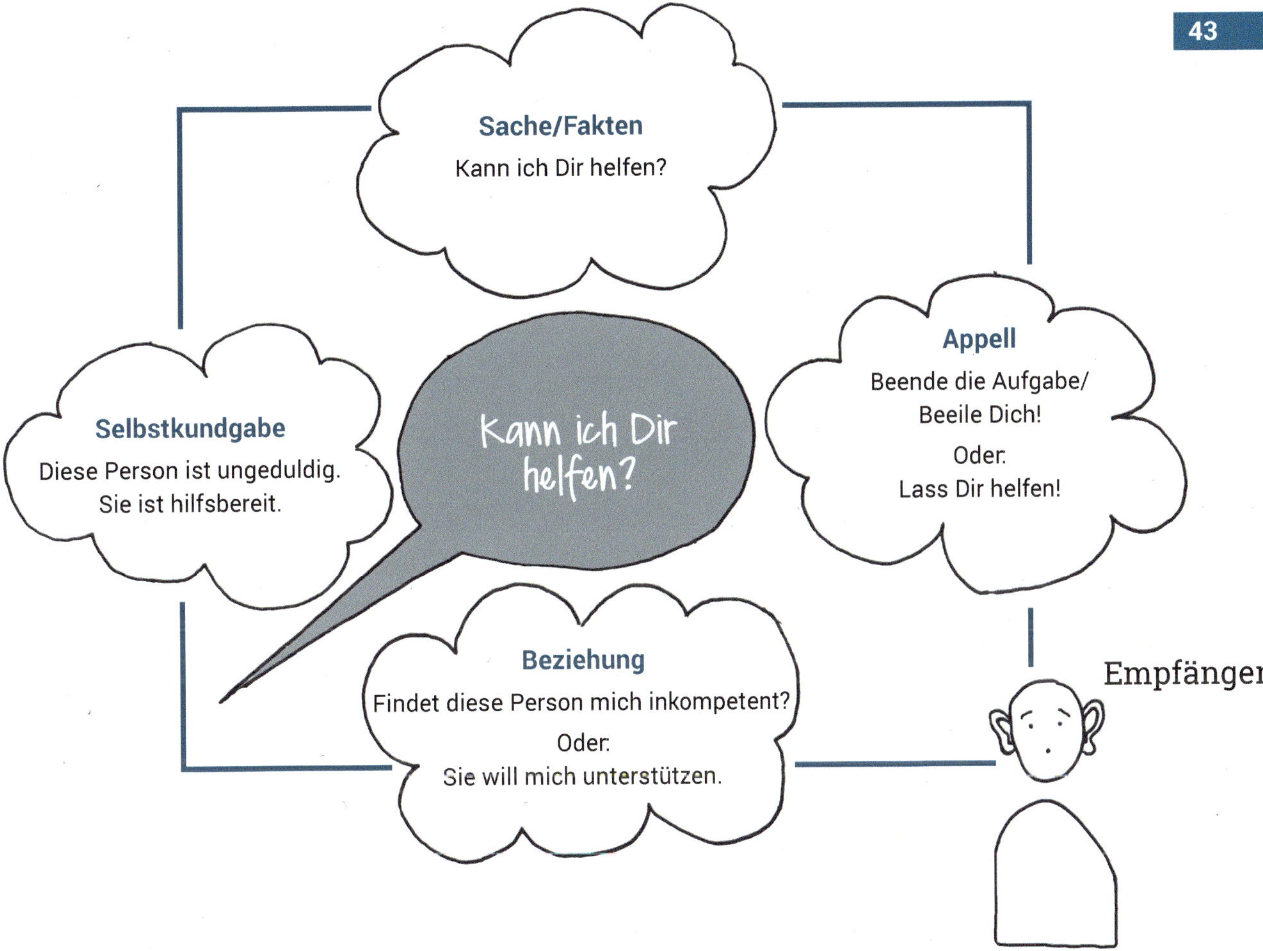
Sache/Fakten
Kann ich Dir helfen?
Selbstkundgabe
Diese Person ist ungeduldig.
Sie ist hilfsbereit.
Kann ich Dir helfen?
Appell
Beende die Aufgabe/
Beeile Dich!
Oder:
Lass Dir helfen!
Beziehung
Findet diese Person mich inkompetent?
Oder:
Sie will mich unterstützen.
Empfänger

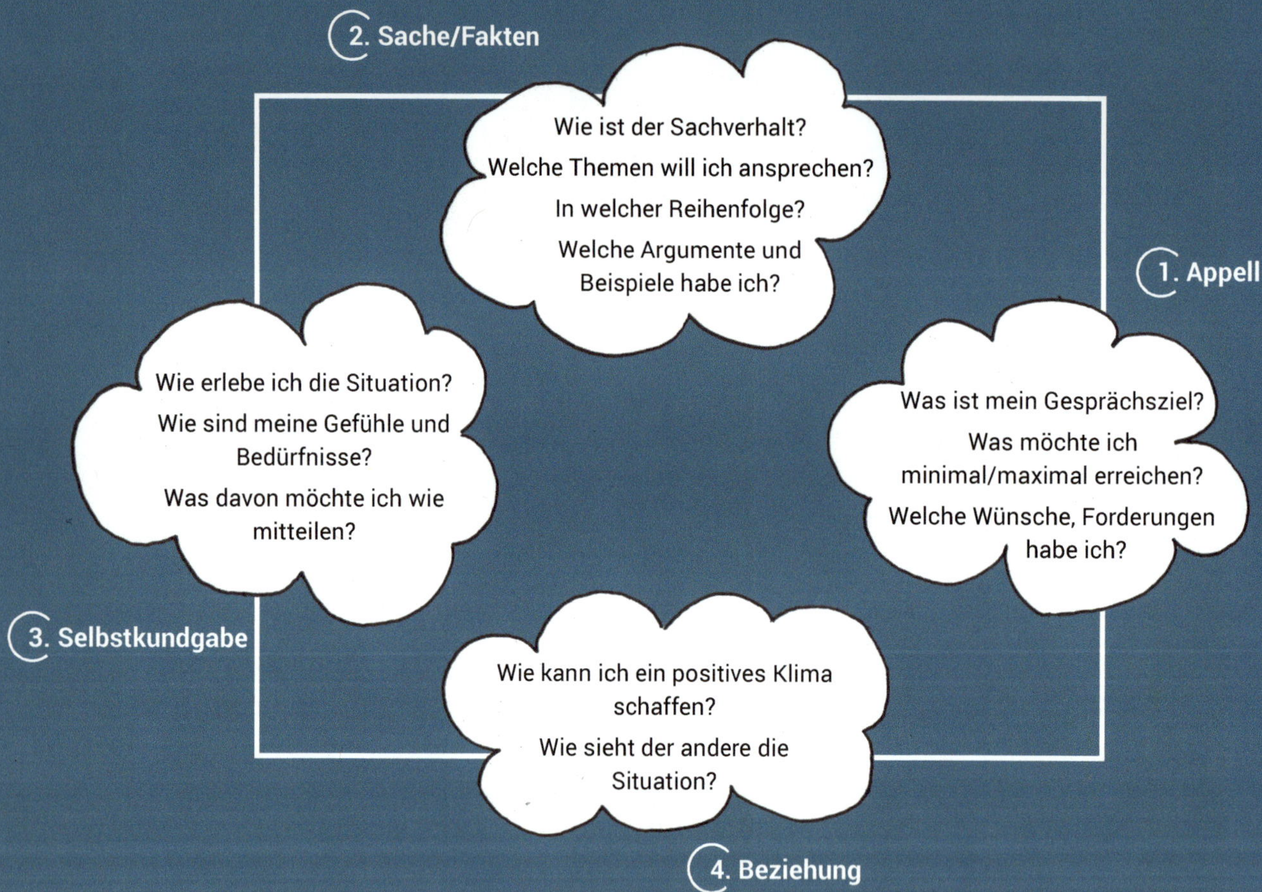
2. Sache/Fakten
Wie ist der Sachverhalt?
Welche Themen will ich ansprechen?
In welcher Reihenfolge?
Welche Argumente und Beispiele habe ich?
1. Appell
Was ist mein Gesprächsziel?
Was möchte ich minimal/maximal erreichen?
Welche Wünsche, Forderungen habe ich?
3. Selbstkundgabe
Wie erlebe ich die Situation?
Wie sind meine Gefühle und Bedürfnisse?
Was davon möchte ich wie mitteilen?
4. Beziehung
Wie kann ich ein positives Klima schaffen?
Wie sieht der andere die Situation?

Das Kommunikationsquadrat als Gesprächsleitfaden

Nutzen

Das Kommunikationsquadrat dient auch als Instrument der Gesprächsführung, wie Trainerausbilder Thomas Schmidt sehr schön veranschaulicht hat. Sie können damit viele Arten von Gesprächen, wie Mitarbeitergespräche, Verhandlungsgespräche, Zielvereinbarungen oder Konfliktgespräche, effektiv vorbereiten.

Beschreibung

Die Vorbereitung erfolgt entlang der Leitfragen wie in Abbildung links. Die Durchführung verläuft in umgekehrter Reihenfolge. Es wird also damit begonnen, eine angenehme Gesprächsatmosphäre herzustellen.

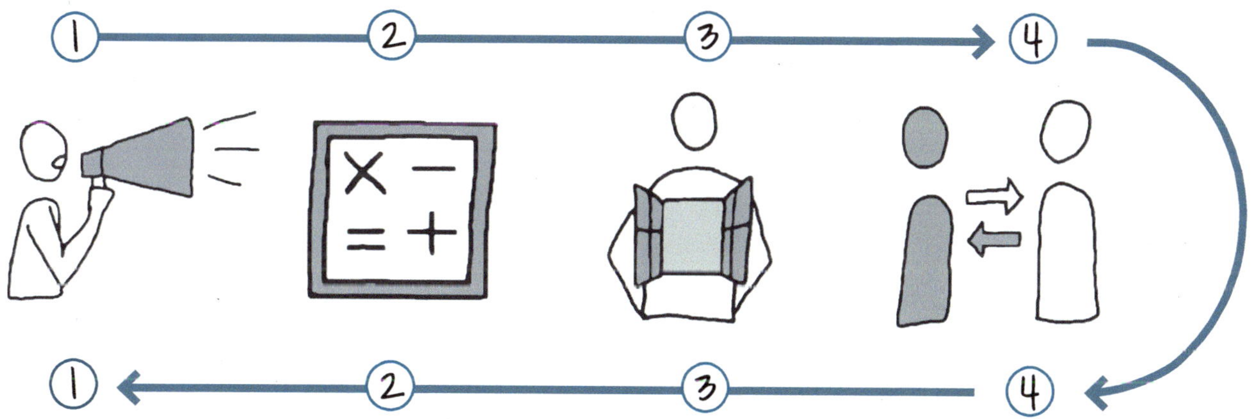

Wie haben Sie den Arbeitsprozess des Projektes empfunden?
Wie geht es Ihnen?
Was wünschen Sie sich für das nächste Projekt anders?
Wie ging es Ihnen mit den Teamkollegen ...?

Feedback mit dem Kommunikationsquadrat

Nutzen

Das Kommunikationsquadrat eignet sich auch als Leitfaden für das strukturierte Feedback. Es hilft Ihnen, den Arbeitsprozess zu optimieren oder Unannehmlichkeiten auf der Beziehungsebene zu klären.

Beschreibung

Wie jede Kommunikation enthält auch der Austausch von Feedback vier Mitteilungsebenen:

- sachlich nachprüfbare Beobachtungen,
- Äußerungen über die feedbackgebende Person selbst,
- eine Definition der Beziehung zwischen ihr und der empfangenden Person und
- eine Handlungsaufforderung an das Gegenüber.

Dementsprechend können Sie das Kommunikationsquadrat auch als Leitfaden nutzen, um sich von einzelnen Personen oder von einer Gruppe ein Feedback einzuholen. Wenn Sie die zur Verfügung stehende Zeit effizient nutzen wollen/müssen, ist es sinnvoll, die Leitfragen vorab zur Vorbereitung herauszugeben.

Folgende Leitfragen bieten sich etwa für ein strukturiertes Feedback an:

- *Wie haben Sie den Arbeitsprozess des Projektes empfunden? Was fanden Sie gelungen?*
- *Wie geht es Ihnen? Wie ist Ihr Befinden?*
- *Wie ging es Ihnen mit den Teamkollegen, wie geht es Ihnen mit mir als Teamleitung?*
- *Was wünschen Sie sich für das nächste Projekt anders? Was ist Ihnen wichtig?*

Reflexion

Was steuert mich (und andere) in der Kommunikation?

Antreiber

Streng Dich an!

Stärken
Einsatzbereitschaft

Schwächen
Nicht entspannen und genießen können.

Erlauber
Ich darf bei der Arbeit Spaß haben.

Sei stark!

Stärken
Belastbarkeit, Eigenständigkeit

Schwächen
Sich immer in der Verantwortung fühlen.

Erlauber
Ich darf mir Hilfe holen und Aufgaben abgeben.

Sei perfekt!

Stärken
Gründlicher, zuverlässiger Experte

Schwächen
Sich (und anderen) keine Fehler gestatten.

Erlauber
Ich darf auch mit 80% zufrieden sein. Dies ist auch genug.

Erkennen Sie einen ausgeprägten Antreiber – sei es bei sich oder bei einem Teammitglied –, können Sie diesem etwas von seiner Treibkraft nehmen, indem Sie regelmäßig und ausdrücklich in Worten und Taten an den dazugehörigen „Erlauber" erinnern. Verschiedene „Antreiber-Tests" sind im Internet zu finden.

Der Antrieb hinter Verhaltensweisen

Nutzen

Antreiber können ein besseres Gefühl dafür geben, was einen selbst und was andere in ihrem Verhalten steuert.

Beschreibung

Neben einer Vielzahl von Motiven wie Anerkennung, Zugehörigkeit, Erfolg und vielen mehr gibt es Haltungen und entsprechende Verhaltensweisen, die mit unserer frühsten Kindheit verknüpft sind. Sie entstehen durch die Erwartungen an unsere Verhaltensweisen seitens der Eltern und anderer Autoritätspersonen. Sie werden uns bewusst und unbewusst mitgegeben, damit wir uns im Leben orientieren. Wenngleich sie positiven Ursprungs sind, können Sie später negative Auswirkungen haben.

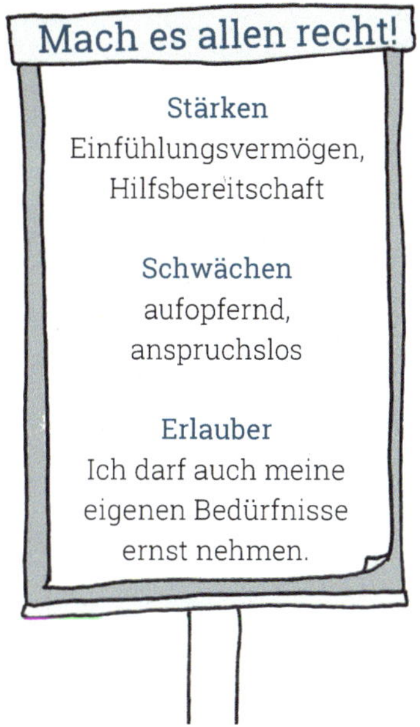

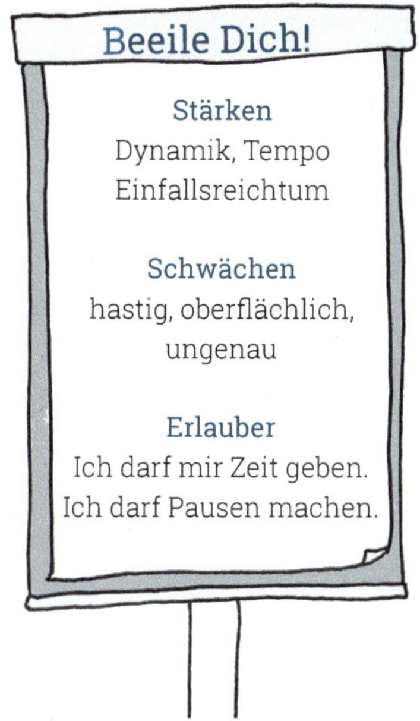

Innere Antreiber können vor allem in Stress- und Belastungssituationen dazu verleiten, unangemessen und wenig situationsgemäß zu handeln. Kennen wir unseren inneren Antreiber, so besteht die Möglichkeit, unsere Haltung und unser Verhalten bewusster zu steuern. Antreiber auch bei anderen zu bemerken, kann zudem dabei helfen, ein besseres Gespür und Verständnis für deren Verhalten zu entwickeln.

Das innere Team

Wer spricht da in mir?

Nutzen

Das innere Team nach Friedemann Schulz von Thun dient zur Selbstreflexion und hilft bei der Entdeckung und Klärung der eigenen Persönlichkeit. So können eigene Standpunkte, Interessen und Bedürfnisse oder innere Konflikte überprüft werden. Denn ein geklärtes Selbst (Bewusstsein über die eigene Identität) ist gefordert, um eine zwischenmenschliche Kommunikation klar führen zu können.

Beschreibung

Das innere Team ist eine Metapher für die unterschiedlichen „Stimmen" und Impulse, die jeder Mensch in sich trägt. Diese Stimmen und Impulse haben eine „Teamleitung", das übergeordnete „Ich", das alle inneren Teammitglieder anhört und zusammenhält. Die innere Teamleitung gibt allen Stimmen Raum und Möglichkeiten, sich zu entfalten. Sie wägt je nach Situation ab, welche der Stimmen passend und sinnvoll ist.

Hinweis

Die verschiedenen Teammitglieder bzw. Anteile der Persönlichkeit sind weder im Sinne multipler Persönlichkeiten zu verstehen, noch mit Verhaltensweisen zu verwechseln. Was aufgezeigt wird, ist, dass sichtbares Verhalten das Ergebnis eines inneren Prozesses ist.

Die
Erschöpfung

Die
Hemmung

Die
Inspiration

Die
Zielstrebigkeit

Die
Panik

Innere Stimmen

Nutzen

Zu einer klaren, für Sie tragbaren Haltung gelangen Sie, wenn Sie allen inneren Stimmen zunächst gleichberechtigt Aufmerksamkeit schenken und dann eine Übereinstimmung herbeiführen.

Beschreibung

Es ist wichtig, gut in sich hineinzuhorchen, um einen akzeptablen Kompromiss für die unterschiedlichen Stimmen, die sich zum Teil widersprechen können, zu erreichen. Je nach Situation können es unterschiedlichste Stimmen sein.

Die folgenden Fragen helfen Ihnen bei der Klärung von Bedürfnissen und Entscheidungen. Explorieren Sie zunächst:

- Welche Stimmen melden sich, wie viele sind es?
- Welche sind laut, welche kaum wahrnehmbar?
- Wie heißen die Stimmen?
- Welches Ziel verfolgen die einzelnen Stimmen?

Hören Sie nacheinander den Stimmen zu:

- Wie schildern sie die Situation, was ist die Intention, was gegebenenfalls der Entscheidungsvorschlag der jeweiligen Stimme?
- In welche Richtung hilft sie Ihnen?
- Wovor will sie Sie bewahren?
- Welche Stimme wollen Sie im Vordergrund hören?
- Welche dürfen Sie keinesfalls vergessen?
- Was ist Ihre Schlussfolgerung daraus?

Der Rollenkompass

Was gehört zu meiner Rolle und was nicht?

Nutzen

Der Rollenkompass des Coachs und Organisationsberaters Thomas Bachmann eignet sich als Selbstreflexions- und Analyseinstrument. Er hilft Ihnen bei der Definition der eigenen beruflichen Rolle, indem er Ihnen die Struktur für eine umfassende Reflexion und Klärung der persönlichen und arbeitsbezogenen Ressourcen und Erwartungen bietet. Damit bringt er Ihnen Klarheit für das eigene Rollenverständnis. Als Führungskraft können Sie so aber auch in Einzelgesprächen Mitarbeitende unterstützen, die eigene berufliche Rolle zu beleuchten und die verschiedenen Rollenaspekte zu betrachten.

Beschreibung

Der Rollenkompass ist vielseitig einsetzbar, da er Fragen der Zielklärung, Analyse und der Intervention enthält. Mit ihm können wichtige Hinweise für die berufliche Rolle exploriert werden, wie zum Beispiel: Welche offenen und versteckten Erwartungen gibt es?

Das auf den nächsten Seiten beschriebene Tool ermöglicht die Analyse von Verhaltensmustern sowie die Klärung der eigenen Ressourcen und die der Organisation. Davon ausgehend können direkte Handlungsschritte für Veränderungen abgeleitet werden. Im Team werden zur Erarbeitung Kleingruppen gebildet, anschließend erfolgt der Austausch der Ergebnisse im Plenum.

Hinweis

Je nachdem, für wen die Rollenklärung durchgeführt werden soll, kann dies auch durch externe Coachs geschehen.

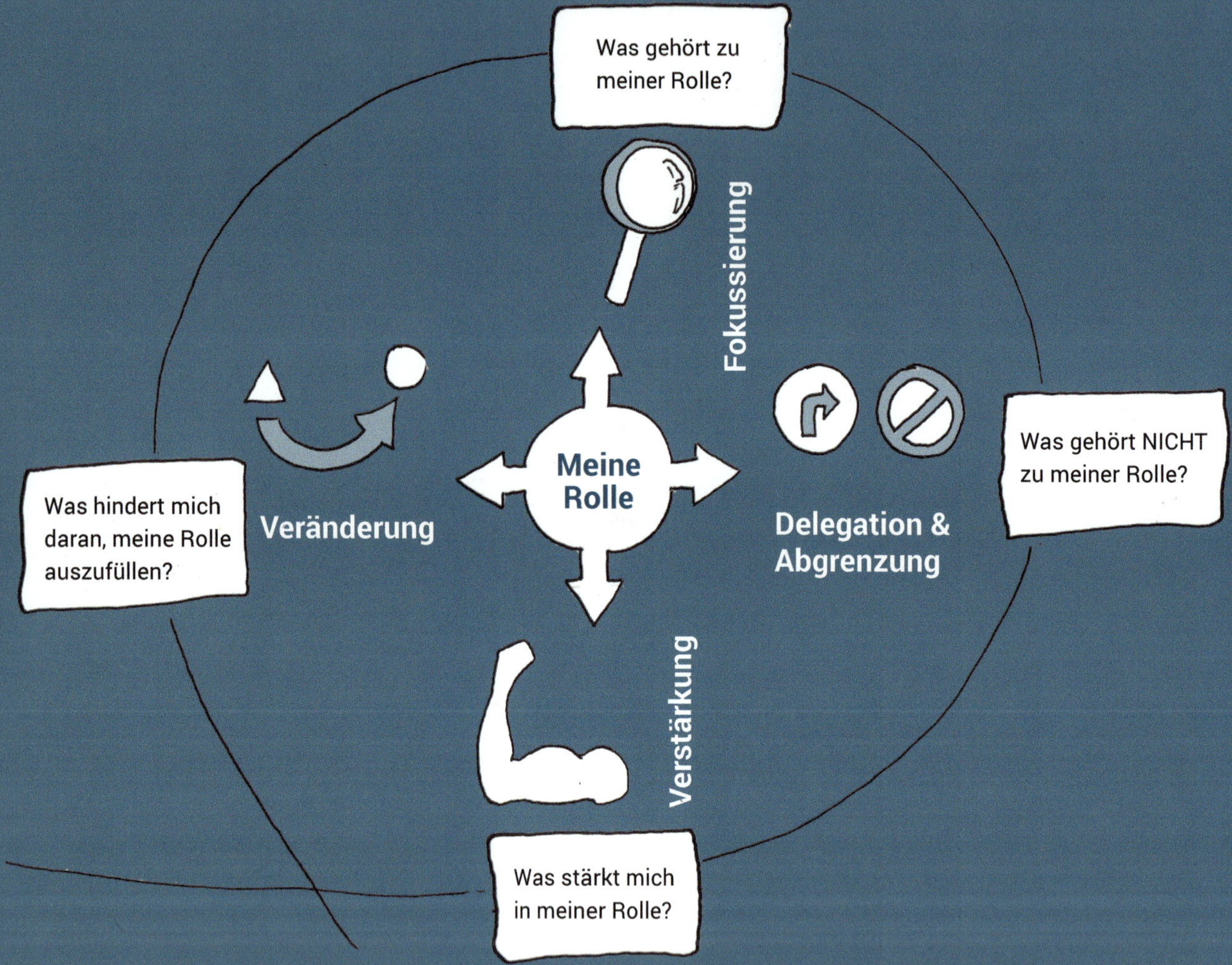
Was gehört zu meiner Rolle?
Fokussierung
Was gehört NICHT zu meiner Rolle?
Delegation & Abgrenzung
Meine Rolle
Veränderung
Was hindert mich daran, meine Rolle auszufüllen?
Verstärkung
Was stärkt mich in meiner Rolle?

Der Rollenkompass entsteht durch die vier Leitfragen. Diese werden vom Teammitglied mithilfe der Führungskraft reflektiert. Sie können z.B. an einer Pinnwand in den vier Feldern des Rollenkompasses nacheinander ausgefüllt werden.

Dabei geht es jeweils um die innere und um die äußere Perspektive.

Die Antworten werden schriftlich festgehalten und dienen der darauffolgenden Analyse.

Was fällt Ihnen zu den jeweiligen Fragen noch ein? Was noch? Was noch?

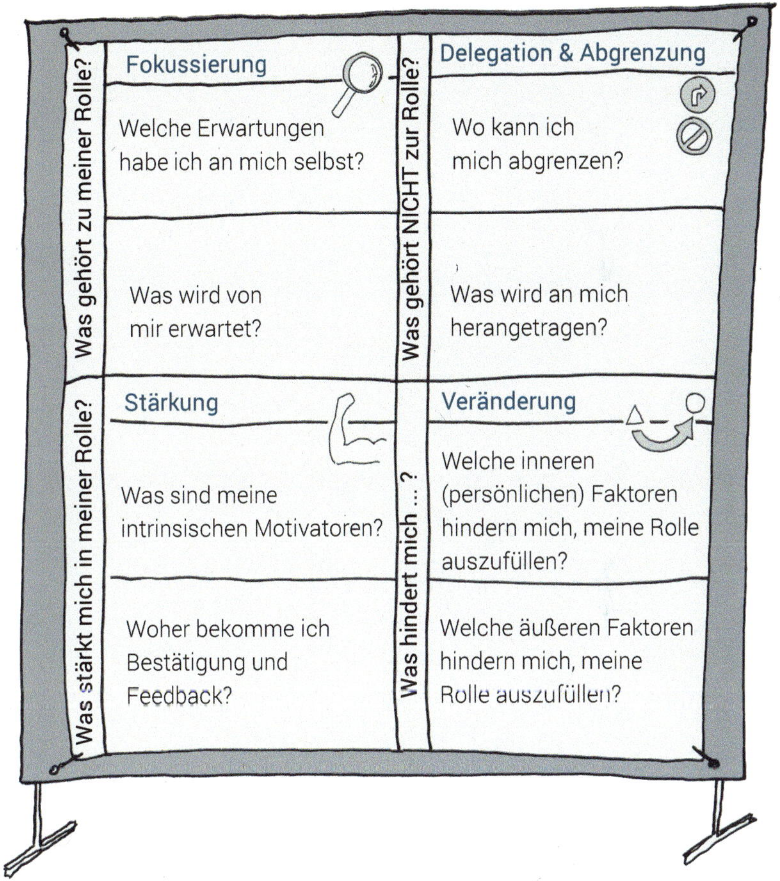

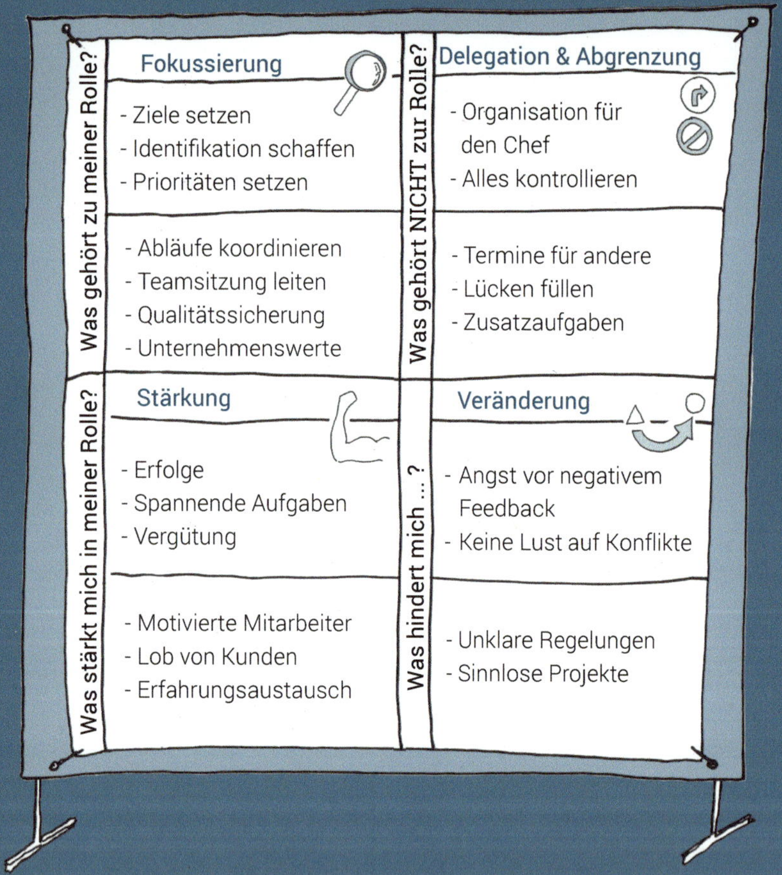

Was werden Sie in Zukunft anders machen?

Verstärkung
Delegation
Veränderung
Fokussierung

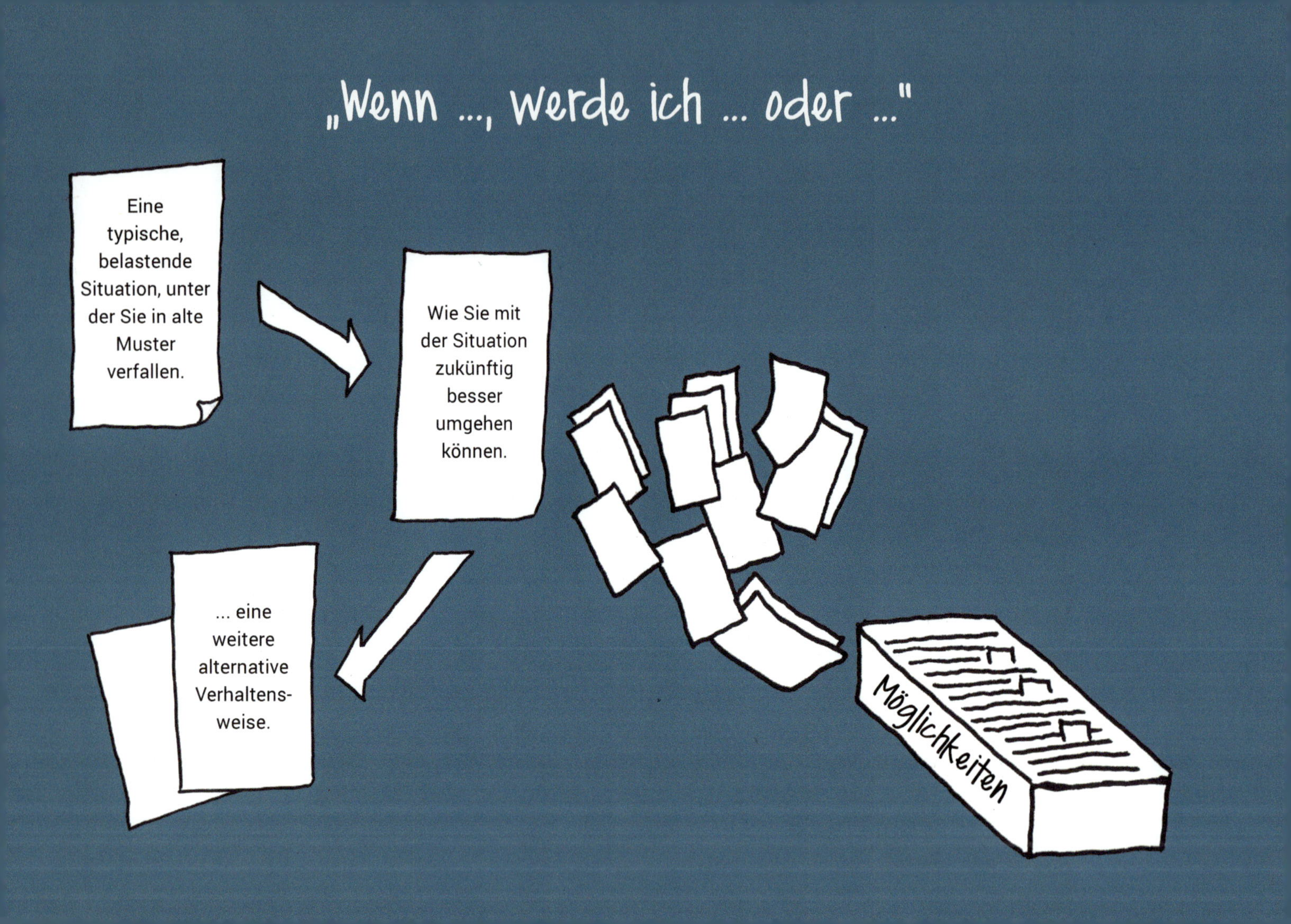
„Wenn ..., werde ich ... oder ..."
Eine typische, belastende Situation, unter der Sie in alte Muster verfallen.
Wie Sie mit der Situation zukünftig besser umgehen können.
... eine weitere alternative Verhaltens-weise.
Möglichkeiten

Aus belastenden Verhaltensmustern befreien

Nutzen

Merken Sie, dass ein Teammitglied „auf der Stelle tritt", unzufrieden mit der eigenen Leistung ist oder eine motivationslose Phase hat, so können Sie es unterstützen, Fähigkeiten neu zu erkennen. Das von dem Business-Coach Christopher Rauen entwickelte Tool „Wewio" hilft bei der Realisierung neuer Handlungsoptionen. Die Methode kann zum Beispiel bei anstehenden Veränderungen eingesetzt werden. Sie kann der Erfolgssicherung der erreichten Ziele dienen sowie einer regelmäßigen Überprüfung und Besinnung, um dem Rückfall in alte Denk- und Handlungsmuster vorzubeugen.

Beschreibung

Wewio ermöglicht es, neu gewonnene Erkenntnisse umzusetzen und tatsächliche Veränderungen einzuleiten, gewohnte Denk- und Handlungsschemata zu durchbrechen und sich auf die eigenen vorhandenen Ressourcen zu besinnen. Dazu werden Ressourcen bewusst gemacht und darauf aufbauend neue Denkmuster erstellt sowie mithilfe von Spickzetteln neue Verhaltensweisen erprobt. Erklären Sie dazu dem Teammitglied: *„Sie sammeln jetzt neue Verhaltensweisen, um mit belastenden Situationen zukünftig besser umgehen zu können. Bitte notieren Sie zunächst eine typische, belastende Situation, unter der Sie in alte Muster verfallen. Dann notieren Sie, wie Sie mit einer solchen Situation zukünftig besser umgehen können. Finden Sie für jede einzelne Situation mehrere Handlungsalternativen."*

Es entsteht eine ganze Sammlung problematischer Situationen. Auf dieser Basis lassen sich Ideen entwickeln, wie damit konstruktiv und lösungsorientiert umgegangen werden kann. Die betroffene Person hat sich mit den selbst geschriebenen Karten quasi „Spickzettel" erstellt, die ihr in zukünftigen schwierigen Situationen helfen. Ist die Zusammenstellung beendet, kann diese auf verschiedenste Weise dokumentiert werden (z.B. durch das Abfotografieren mit dem Smartphone). Damit sind die gesammelten Lösungsmöglichkeiten immer griffbereit.

Die Stimmung

im Team

Das Vierfaktorenmodell

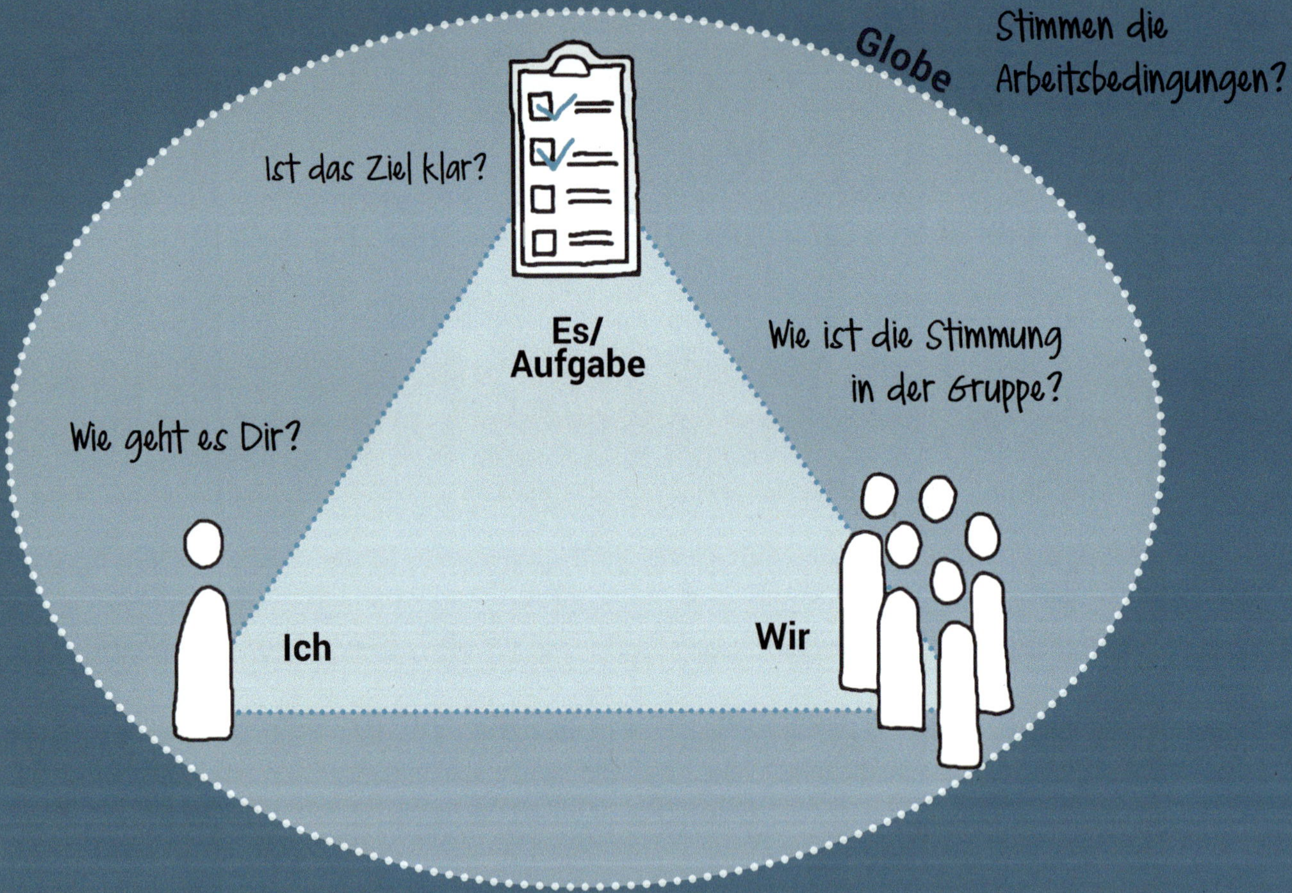

Läuft im Team alles rund?

Nutzen

Sie haben das Gefühl, irgendwo hakt es? Mit diesem Modell der Psychologin Ruth Cohn können Sie Arbeitsprozesse analysieren. Es definiert vier Faktoren, die zu einem strukturierten Überblick verhelfen. Für die zufriedene und erfolgreiche Arbeit sollten diese Faktoren in Balance sein. Indem Sie die vier Faktoren nacheinander und gemeinsam mit dem Team in den Fokus nehmen und prüfen, erhalten Sie einen besseren Eindruck davon, wo es „hakt".

Beschreibung

Das Vierfaktorenmodell von Ruth Cohn ist Teil der sogenannten „Themenzentrierten Interaktion" und setzt vier Faktoren in ein Verhältnis zueinander. Als Vorgehensweise kann es hilfreich sein, die Teammitglieder dazu nacheinander oder schriftlich zu befragen.

- Das „**Ich**" ist die einzelne Person mit ihrer Biografie, ihrer Persönlichkeit, ihren Fähigkeiten, ihrem Verhalten und ihrer Tagesform. Fragen dazu lauten: *„Wie geht es Dir? Wie geht es mir? Sind die Fähigkeiten, Interessen und Wünsche der einzelnen Teammitglieder ausreichend berücksichtigt?"*

- Das „**Wir**" meint die Gesamtheit der zusammenkommenden Individuen und deren Kommunikation, Kultur, Dynamik und Interaktion. Eruieren Sie: *„Wie ist die Stimmung in der Gruppe? Sind die Beziehungen unter den Mitgliedern respektvoll und konstruktiv?"*

- Das „**Es**" ist der Inhalt im Sinne von Aufgabe, Interesse oder Ziel, zu dessen Erledigung die Gruppe zusammenkommt. Erkundigen Sie sich: *„Ist das Ziel klar? Gibt es Schwierigkeiten mit der Aufgabe?"*

- Der Kreis ist der „**Globe**" und meint das zeitliche, räumliche, technische, ökologische, ökonomische und soziale Umfeld mit seinen förderlichen und hinderlichen Bedingungen. Fragen dazu lauten: *„Stimmt das Umfeld, stimmen die Arbeitsbedingungen?"*

Teamphasen
Forming
Storming
Performing
Norming
REGELN

In welcher Situation befindet sich das Team?

Nutzen

Das Teamphasen-Modell von Bruce Tuckman vermittelt die Dynamik von Gruppenprozessen. Um ein Team erfolgreich zu unterstützen, ist es hilfreich zu wissen, wo es steht und was es gerade braucht. Davon ausgehend können passende Impulse und Interventionen gewählt werden, um es als Team zu stärken. Das Ziel ist eine hohe Zufriedenheit und Arbeitsfähigkeit in Teams.

Hinweis

Die Phasen gehen oftmals fließend ineinander über. Dabei kann auch die Abfolge der Phasen jederzeit eine andere sein. Nach der „Norming-Phase" kann etwa anstelle der „Performing-Phase" auch wieder die „Forming-Phase" einsetzen, wenn es zum Beispiel Neuzugänge im Team gibt. Rechts sind Interventionsmöglichkeiten in der jeweiligen Teamphase angegeben:

Forming
Positionierung im Raum .... S. 80
Wertstoffbohrung .... S. 100

Storming
Wertstoffbohrung .... S. 100
Das innere Team .... S. 52
Der SolutionCircle .... S. 108

Norming
Ziel- und Themenbearbeitung .... S. 116
Wert- und Entwicklungsquadrat .... S. 96
„Wenn ..., werde ich ... oder ..." .... S. 62

Performing
Bilder für die Gesprächsführung .... S. 84

Adjourning
Wascheleine .... S. 118

Beziehungsebene innerhalb des Teams

Das Team befindet sich in der Findungsphase. In dieser Phase ist die Leistungsfähigkeit noch nicht besonders groß. Denn die Teammitglieder lernen sich kennen und suchen Orientierung.

Forming – Orientierung

Rolle der Führungskraft

Die Rolle der Teamleitung ist die der Führung. Sie muss für die Kommunikation im Team sorgen und die Strukturen der gemeinsamen Zusammenarbeit schaffen.

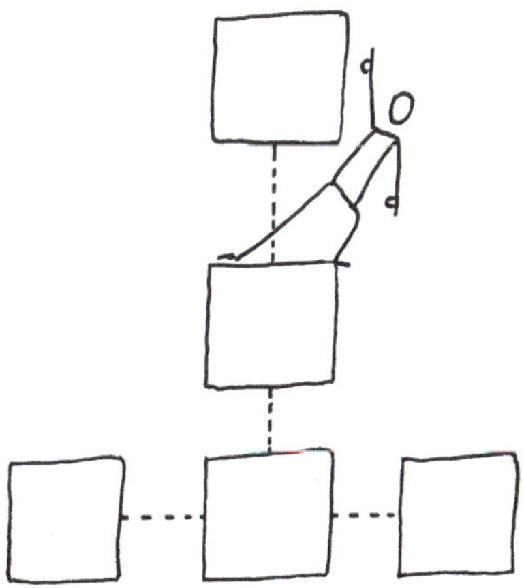

Beziehungsebene innerhalb des Teams

Das Team befindet sich in der Konfliktphase. Spannungen und Positionskämpfe brechen auf, Untergruppenbildung ist möglich. Rollenkonflikte und Aufgabenkonflikte dominieren.

Storming – Machtkampf und Kontrolle

Rolle der Führungskraft

Die Rolle der Teamleitung ist die der Schlichterin und Antreiberin. Sie sorgt dafür, dass das Team gemeinsame Regeln des Umgangs und der Zusammenarbeit aufstellt und das Ziel im Auge behält.

Beziehungsebene innerhalb des Teams

Durch gemeinsame Regeln und Rollendifferenzierung harmonisieren die Beziehungen, es entsteht ein Wir-Gefühl. Das Team will gemeinsam das Ziel erreichen.

Norming – Vertrag

Rolle der Führungskraft

Die Rolle wechselt zur „Moderatorin". Die Delegation von Aufgaben und der stärkere Einbezug des Teams in Entscheidungen werden möglich. Die Leitung achtet darauf, dass die gemeinsam erarbeiteten Regeln eingehalten werden.

Beziehungsebene innerhalb des Teams

Die Beziehungen im Team sind geklärt. Es ist nun fähig, konstruktiv und mit Höchstleistungen auf der Sachebene zu arbeiten. Die Gruppe ist strukturiert und gefestigt. Konflikte werden eigenständig gelöst, Erfolge gemeinsam gefeiert.

Performing – Erfüllen

Rolle der Führungskraft

Die aktive Rolle der Teamleitung tritt in den Hintergrund. Sie überwacht die Zieleinhaltung und kann sich auf die persönliche Weiterentwicklung einzelner Teammitglieder konzentrieren.

Adjourning – Auflösung

Eine mögliche fünfte und letzte Phase ist die Auflösungsphase. Die Rolle der Teamleitung ist dann die Evaluation des Projektes, der neuen erworbenen Fähigkeiten und Kompetenzen sowie das Thematisieren von Perspektiven für die Zukunft.

Führungsrelevanz

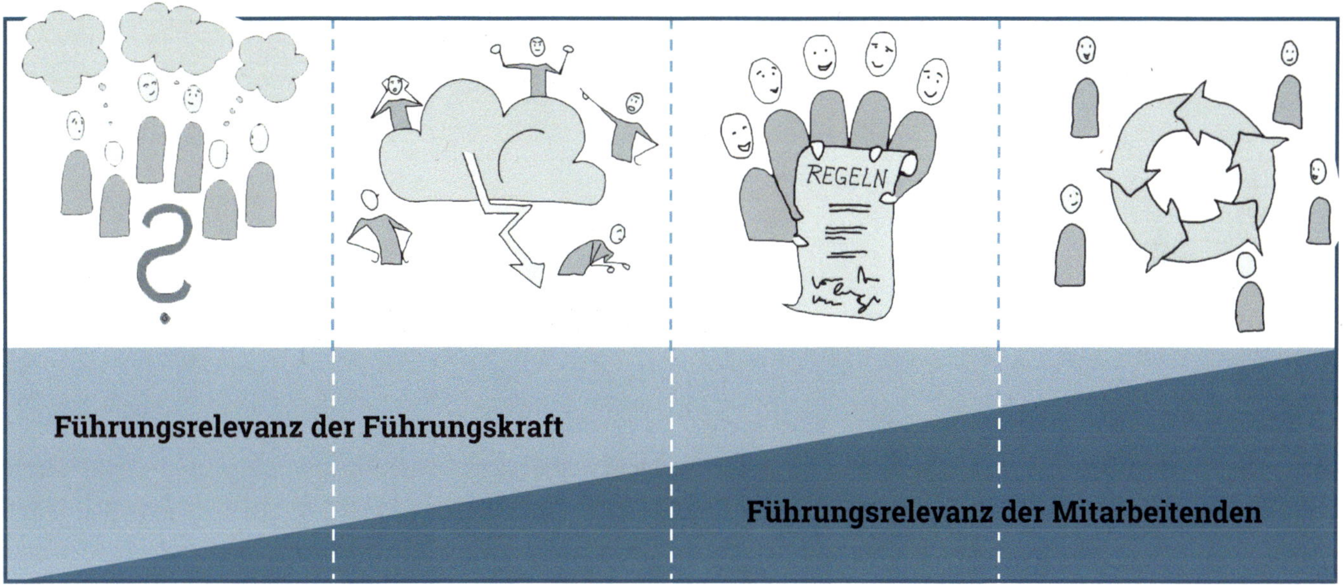

- **Autoritär:** Die Führungskraft (F.) entscheidet allein und legt fest.
- **Patriarchalisch:** F. legt fest und begründet ihre Entscheidung.
- **Informierend:** F. schlägt Ideen vor und nimmt Fragen an.
- **Beratend:** F. entscheidet vorläufig, holt Meinungen ein und entscheidet endgültig.
- **Kooperativ:** F. zeigt Probleme auf, die Gruppe bringt Lösungen vor, F. entscheidet.
- **Partizipativ:** F. zeigt Probleme auf und legt den Entscheidungsspielraum fest, Gruppe entscheidet.
- **Delegativ:** Gruppe entscheidet eigenständig, F. koordiniert.

Positionierung im Raum

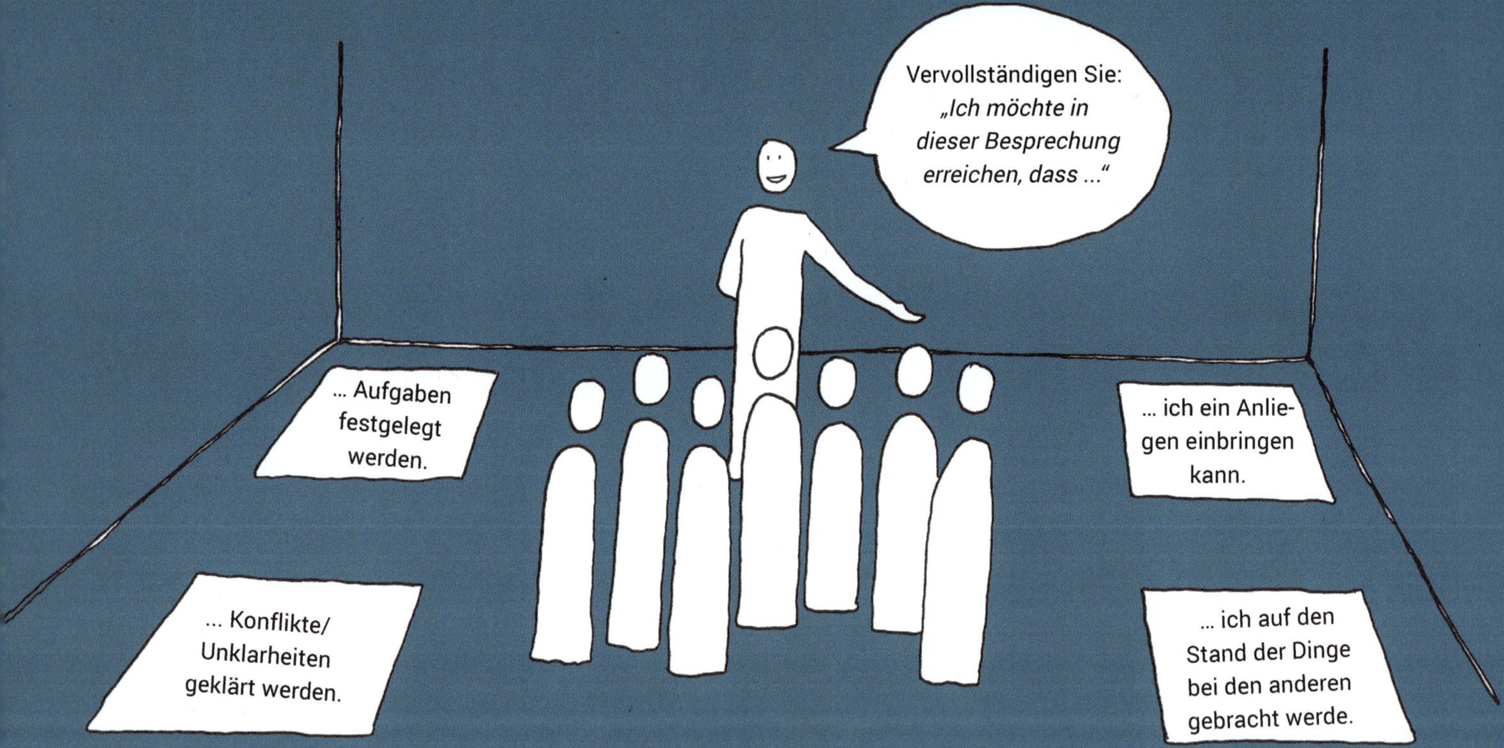

Teammitglieder beziehen Stellung und lernen sich kennen

Nutzen

Die „räumliche Positionierung" ist vielfältig einsetzbar. Es kann eine Stimmung oder Meinung im Team abgefragt und die Kommunikation zu einem bestimmten Thema initiiert werden. Dies erleichtert neuen Gruppen das Kennenlernen. Vorteile dieser Methode sind, dass die Teammitglieder physisch in Bewegung kommen und dass die Ergebnisse sofort sichtbar werden.

Beschreibung

Die Führungskraft bittet die Teilnehmenden, sich zu einer bestimmten Frage zu positionieren, entweder nach Gemeinsamkeiten in Gruppen oder zwischen zwei Polen oder mittels Bodenankern. Im Anschluss kann die Teamleitung jedes Teammitglied um einen kurzen Kommentar zum eigenen Standort bitten.

Hinweis

Je nach Gruppenstärke muss der Raum ausreichend groß sein.

Werden die Teilnehmenden zu ihrer Positionierung befragt oder sollen sie sich nach bestimmten Kriterien aufstellen, sollten dazu maximal drei Fragen gestellt werden.

Beispiele für Einsatzmöglichkeiten:

- **Kennenlernen**
  Lockert die Atmosphäre, regt die Kommunikation zwischen den Teammitgliedern an und erleichtert das Kennenlernen. Beispielfragen:
  – *„Der Raum entspricht Deutschland: Nehmen Sie die Position im Raum ein, die Ihrem Geburtsort (Wohnort) entspricht."*
  – *„Bitte sortieren Sie sich nach Dauer der Betriebszugehörigkeit (oder: Alter, Zeit des Aufstehens etc.)."*

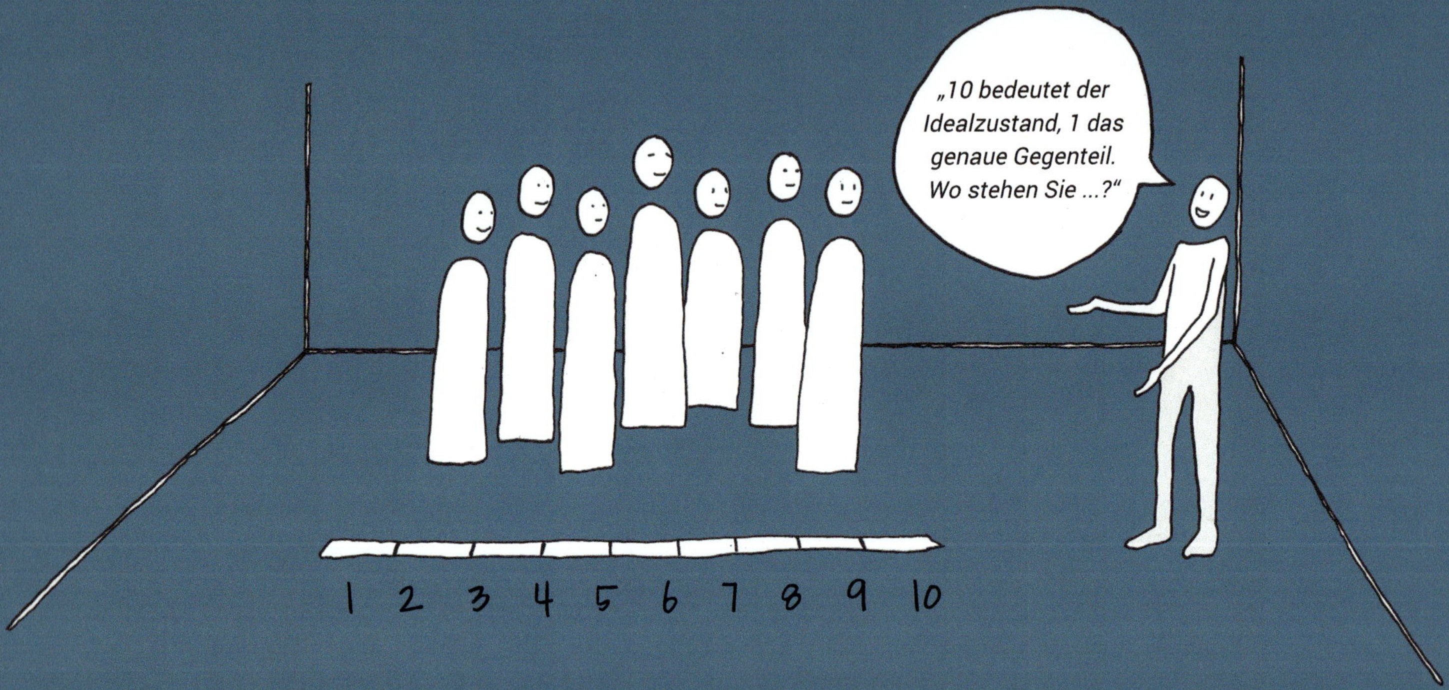
„10 bedeutet der Idealzustand, 1 das genaue Gegenteil. Wo stehen Sie …?“
1 2 3 4 5 6 7 8 9 10

- **Themenbearbeitung**
  Die Methode kann ebenso eingesetzt werden, um zu Themen hinzuführen oder den Erfahrungs-/Wissensstand der Teilnehmenden abzufragen, z. B.:

  – *„Wer hat schon mal eine Kundenbefragung durchgeführt?“*
  – *„Auf einer Skala von 1 bis 10: Wie viel Vorwissen zu unserem Thema bringen Sie bereits mit?“*

- **Motivation klären**
  Es kann auch das Motiv/die Bereitschaft abgefragt werden, an einem Thema zu arbeiten. Hier werden Bodenanker verwendet, also konkret vorgegebene Standpunkte. Geben Sie dazu eine klar definierte Skala vor und fragen Sie beispielsweise:

  – *„Markieren Sie auf dieser Skala: Wo stehen Sie zurzeit in Bezug auf das Thema xy?“*

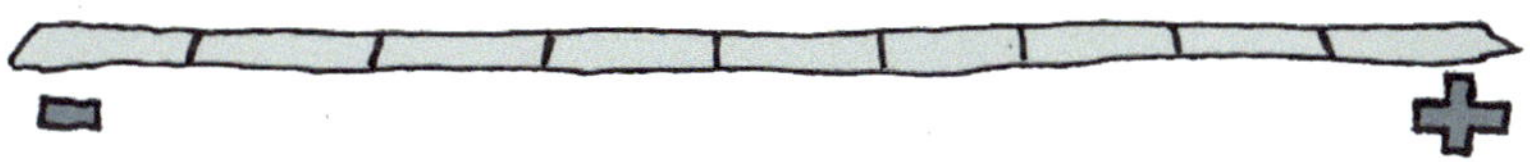

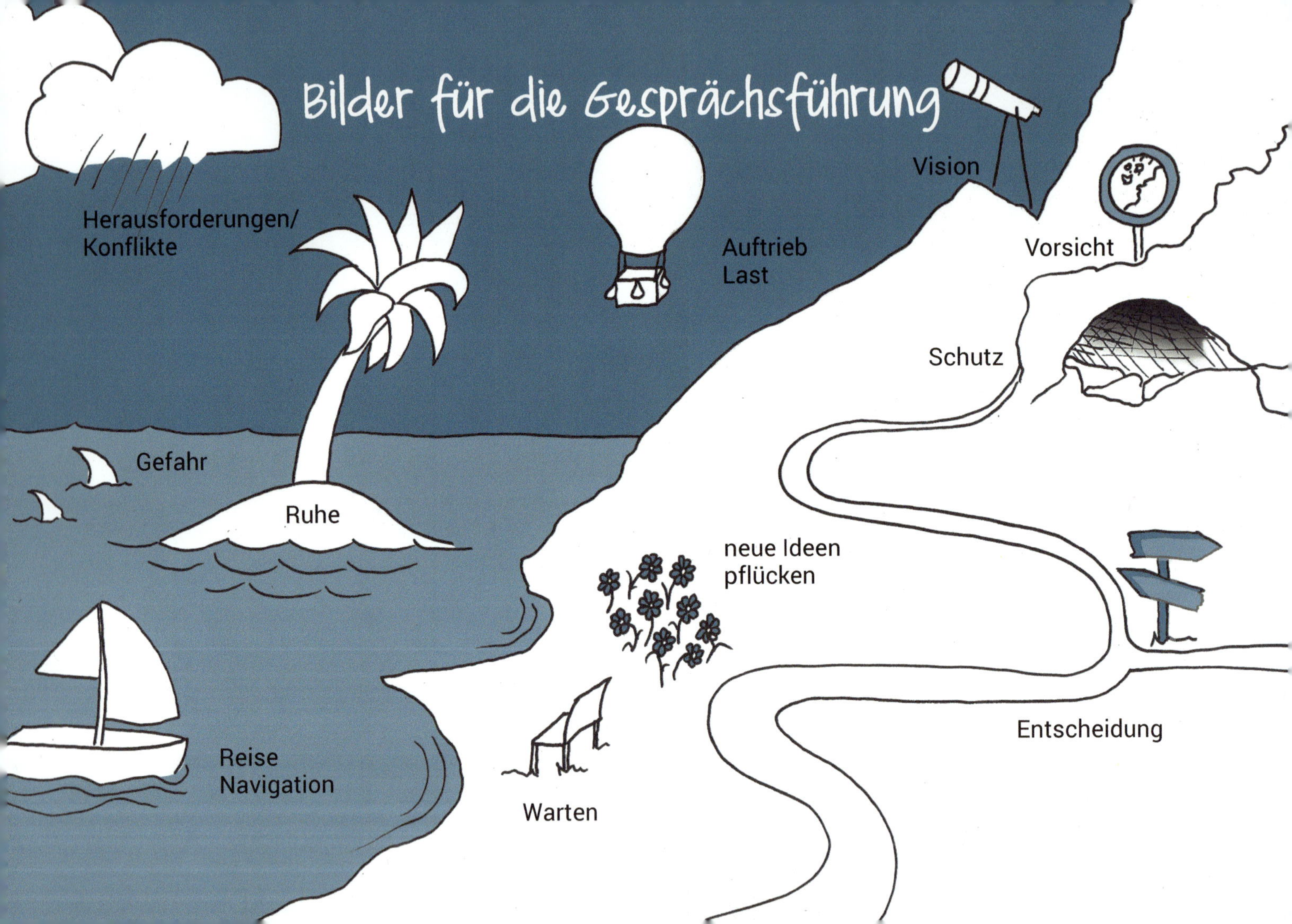
Bilder für die Gesprächsführung
Vision
Herausforderungen/
Konflikte
Auftrieb
Last
Vorsicht
Schutz
Gefahr
Ruhe
neue Ideen
pflücken
Reise
Navigation
Warten
Entscheidung

Mit Bildern Stimmung zum Ausdruck bringen

Nutzen

Bilder wecken Erinnerungen und Gefühle, regen unsere Fantasie und Kreativität an und bringen uns auf neue Gedanken. Sie helfen da weiter, wo die richtigen Worte (noch) fehlen. Deswegen können mithilfe von Bildern bzw. Symbolen gut Gedanken und intuitives Empfinden aufgezeigt werden. Bilder und Symbole sind vielfältig einsetzbar: bei Veränderungen, im Rahmen von Personalgesprächen, für einen Rückblick und zur Reflexion.

Beschreibung

Je nach Rahmen und Anlass werden die Bilder und Symbole zusammen mit entsprechenden Fragen angeboten. Fragen können sein:

- *„Wie geht es Ihnen mit dem Projekt?"*
- *„Wie blicken Sie auf den Arbeitsprozess?"*
- *„Wo stehen Sie zurzeit?"*

Weil die Metapher des Bildes das Sprechen über eine Situation sehr erleichtert, lässt sich so gut ergründen, wie eine Situation empfunden wird, wo es hakt und welche Wünsche es gibt.

Hinweis

Vorgefertigte Bildkarten kann man auch kaufen. Ein Beispiel für ein fertiges Set ist „Bildbar – Das Kartenset" von Margit Kühne-Eisendle und Jimmy Gut. Eine Auswahl an metaphorischen Landkarten bietet außerdem der Online-Shop von „schluessel und blume" an.

Konflikte

und Lösungen

Konfliktarten

Innere Konflikte

... sind unvereinbare innere Impulse.

Soziale Konflikte

... entstehen aus tiefer gehenden zwischenmenschlichen Differenzen.

Strukturelle Konflikte

... sind organisationsbedingt.

Der Rollenkonflikt

Der Rollenkonflikt ist eine Mischung aus Konfliktarten. Eine Führungskraft hat in der Regel mehrere Rollen: Sie ist Teammitglied, Entscheiderin und oftmals Schlichterin. Damit ist ein innerer Konflikt aufgrund der verschiedenen Funktionen vorprogrammiert. Wichtig für das Umfeld ist, die jeweilige Rolle transparent zu halten. Wichtig für die Führungskraft ist Ambiguitätstoleranz. Das bedeutet, Situationen und Entscheidungen, die scheinbar widersprüchlich oder unvereinbar sind, „auszuhalten" und flexibel zu bleiben.

Wissen, wo Konflikte liegen können

Nutzen

Nicht jede Meinungsverschiedenheit oder Auseinandersetzung ist ein Konflikt! Auf der anderen Seite gibt es Konflikte, die Sie vielleicht gar nicht so sehr als Konflikte wahrgenommen haben. Der Überblick über die Konfliktarten verdeutlicht Ihnen, womit Sie möglicherweise zu rechnen haben. Nehmen Sie einen Konflikt als Chance wahr, ihn zur Weiterentwicklung der zwischenmenschlichen Beziehung sowie der konstruktiven Zusammenarbeit zu nutzen!

Beschreibung

Konflikte sind ein Bestandteil unseres sozialen Miteinanders und eine Folge von unterschiedlichen Wahrnehmungen, Bedürfnissen und Missverständnissen. Sie zeichnen sich durch folgende Merkmale aus:

- Die Konfliktparteien sind oftmals in irgendeiner Form abhängig voneinander.
- Die Konfliktparteien haben unvereinbare Interessen, Wünsche und Wahrnehmungen.
- Es gibt eine Sach- und eine Beziehungsebene eines Konflikts. Ein echter Konflikt geht in der Regel mit einer Verletzung auf der Beziehungsebene bei mindestens einer der beiden Parteien einher.

Es gibt verschiedene Arten von Konfliktursachen, wie:

- Verteilungskonflikte (als ungerecht erlebte Verteilung von Ressourcen),
- Zielkonflikte (gegensätzliche Ziele und Interessen),
- Beurteilungskonflikte (unterschiedliche Wahrnehmungen).

Das Ermitteln der Konfliktursachen fördern Instrumente wie das Aktive Zuhören (s. S. 12), Fragetechniken (s. ab S. 16) und das Einholen von Feedback (ab S. 26). Hilfreich ist hierbei auch das Ergründen des „Ungesagten" (s. ab S. 32).

Bezogen auf die Teamführung sind vier Konfliktarten relevant (siehe links).

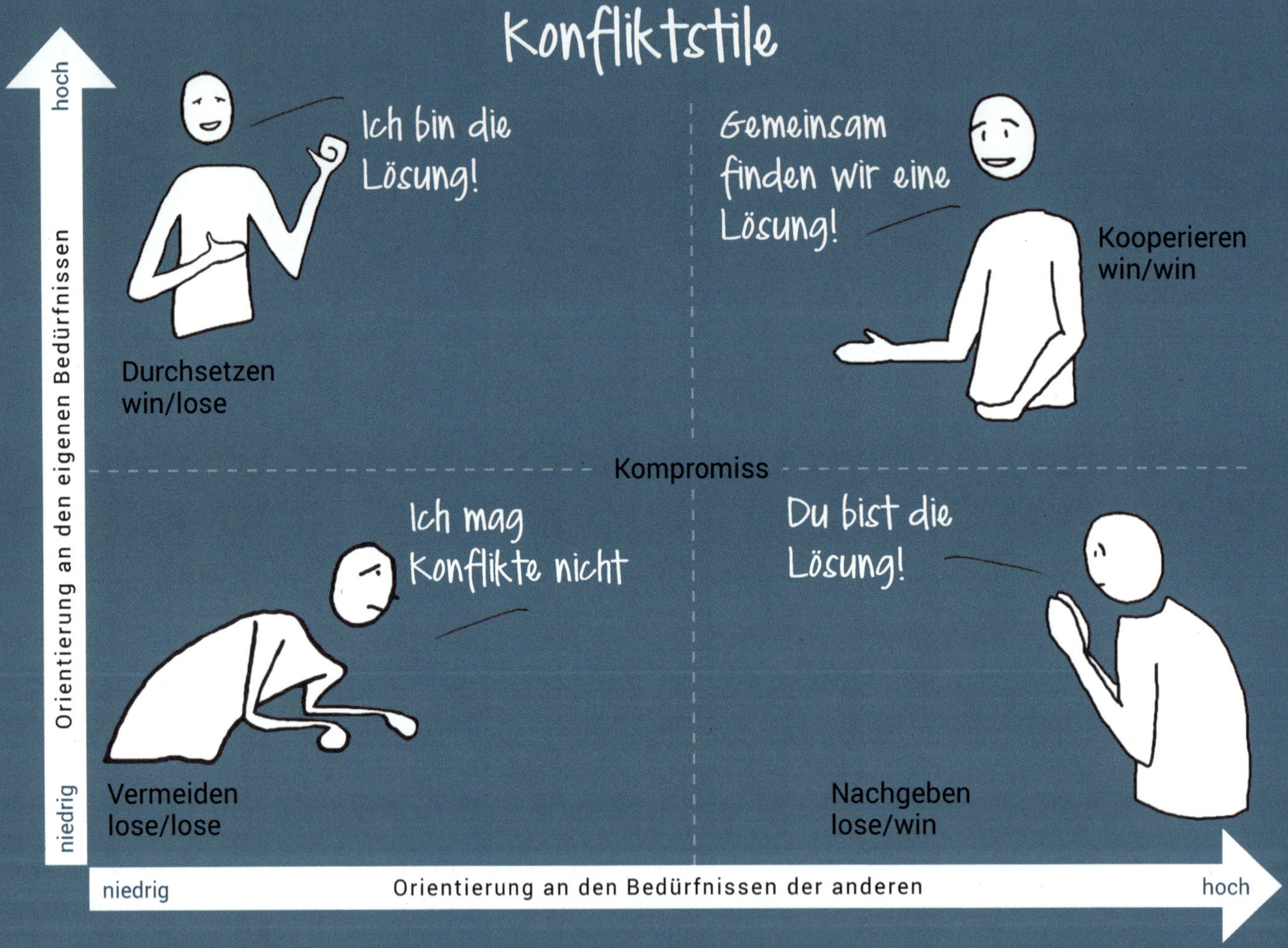
Konfliktstile
hoch
Orientierung an den eigenen Bedürfnissen
niedrig
Ich bin die Lösung!
Durchsetzen win/lose
Gemeinsam finden wir eine Lösung!
Kooperieren win/win
Kompromiss
Ich mag Konflikte nicht
Vermeiden lose/lose
Du bist die Lösung!
Nachgeben lose/win
niedrig
Orientierung an den Bedürfnissen der anderen
hoch

Konfliktverhalten erkennen

Nutzen

Das Modell bietet die Möglichkeit, das eigene Konfliktverhalten sowie das der anderen zu reflektieren. Jeder Konfliktstil bringt, abhängig von der Auseinandersetzung, Vor- und Nachteile mit sich. Mit dem bewussten Wissen um die verschiedenen Stile können Sie sich als Führungskraft oder Teammitglied je nach Situation entscheiden, welche Konfliktstrategie Sie wählen. Gibt es zum Beispiel für ein Projekt eine zeitnahe Deadline, die eine schnelle Entscheidung erfordert, kann der sonst unangenehme, dominante, durchsetzende Konfliktstil im Interesse des übergeordneten Ziels im Sinne des Projektes sein.

Win-win-Situationen bekommen zum Beispiel dann eine starke Relevanz, wenn es um grundlegende Strategien der Zusammenarbeit in Teams geht.

Beschreibung

Kenneth W. Thomas' Modell (links) veranschaulicht fünf verschiedene Verhaltensweisen im Konflikt. Es definiert das Verhalten entlang zweier Dimensionen: der Orientierung an den eigenen Bedürfnissen und der Orientierung an den Bedürfnissen anderer. Nur eine Win-win-Lösung berücksichtigt gleichermaßen die eigenen Bedürfnisse als auch die der anderen.

In der Mitte steht der Kompromiss als kleinster gemeinsamer Nenner für die Konfliktlösung, bei dem jedoch nicht alle Bedürfnisse und Interessen der verschiedenen Parteien berücksichtigt werden können.

Hinweis

Menschen tendieren in Konflikten zu bestimmten Verhaltensweisen. Diese variieren je nach Lebensbereich, Lebenserfahrung und Situation. Deswegen ist es sinnvoll zu schauen, welchen Stil man in der jeweiligen Situation pflegt, um daraus Handlungsoptionen abzuleiten. Den Test „Konfliktstile" nach Thomas finden Sie im Internet.

Eskalationsstufen
Image & Koalition
Gesichtsverlust
Die Konfliktparteien können sich auf unterschiedlichen Stufen befinden
Verhärtung
Taten statt Worte
Debatte
Drohung
Verhärtung
Debatte
Gesichtsverlust
Drohung

In welcher Phase befindet sich der Konflikt?

Nutzen

Das 9-Stufen-Modell von Friedrich Glasl skizziert die Dynamik von Konflikten. Es hilft dabei, den Eskalationsgrad von Konflikten zu erkennen – beziehungsweise den der Konfliktparteien. Davon ausgehend lässt sich leichter überlegen, welche Lösungsstrategie angemessen ist.

Beschreibung

Nach Glasl eskalieren Konflikte nach dem gleichen Muster (s. nächste Seiten). Die einzelnen Stufen und Phasen sind dabei nicht immer klar voneinander trennbar und Konflikte müssen auch nicht alle Stufen einzeln durchlaufen. Darüber hinaus können sich die Konfliktparteien auf unterschiedlichen Eskalationsstufen befinden. Es ist möglich, den Konflikt auf jeder Stufe zu beenden.

Hinweis

Lösungsstrategien sind dem Modell nicht immanent, jedoch können verschiedene Verfahren der Konfliktlösung angewendet werden. Glasl selbst ordnet den Phasen unterschiedliche Verfahrensansätze für mögliche Lösungsstrategien zu:

Stufe 1–3: Selbsthilfe
Stufe 2–3: Moderation
Stufe 3–5: Prozessbegleitung
Stufe 4–6: Sozio-therapeutische Begleitung
Stufe 5–7: Mediation
Stufe 6–8: Schiedsgerichtsverfahren
Stufe 7–9: Machteingriff

Verhärtung

Erste Spannungen sind spürbar und werden bewusst, verschiedene Meinungen prallen aufeinander.

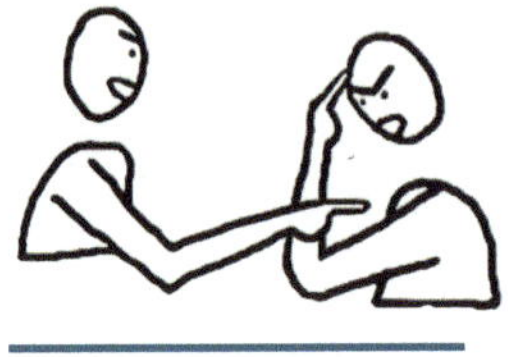

Debatte

Die Meinungsverschiedenheit wird fundamentaler, die Kontrahenten versuchen, den anderen durch rationale Argumente zu überzeugen und unter Druck zu setzen.

Taten statt Worte!

Der Druck auf den Konfliktpartner wird erhöht, Reden hilft nicht mehr, Taten sind nötig! Die verbale Kommunikation tritt in den Hintergrund.

Image und Koalition

Die Kontrahenten suchen nach Anhängern und Verbündeten, Parteien werden gebildet und gegeneinander in Stellung gebracht.

Gesichts-

Die gegenseitigen Angriffe werden direkt und persönlich. Wo immer es geht, möchte man den Gegner bloßstellen.

Selbsthilfe/Moderation

Prozessbegleitung/Sozio-therapeutische Begleitung/

verlust

Mit dem Gesichtsverlust geht der Verlust der Moral einher.

Drohung

Durch Drohung und Gegendrohung versuchen die Konfliktparteien, jeweils mehr Macht zu demonstrieren.

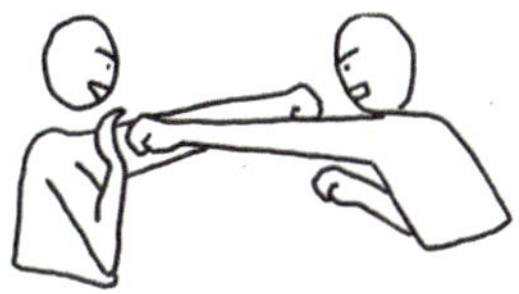

Begrenzte Vernichtungsschläge

Eigener Schaden wird in Kauf genommen, wenn der Schaden des anderen größer ist.

Zersplitterung

Oberstes Ziel ist der Zusammenbruch des Gegners.

Gemeinsam in den Abgrund

Mediation | **Schiedsgerichtsverfahren/Machteingriff**

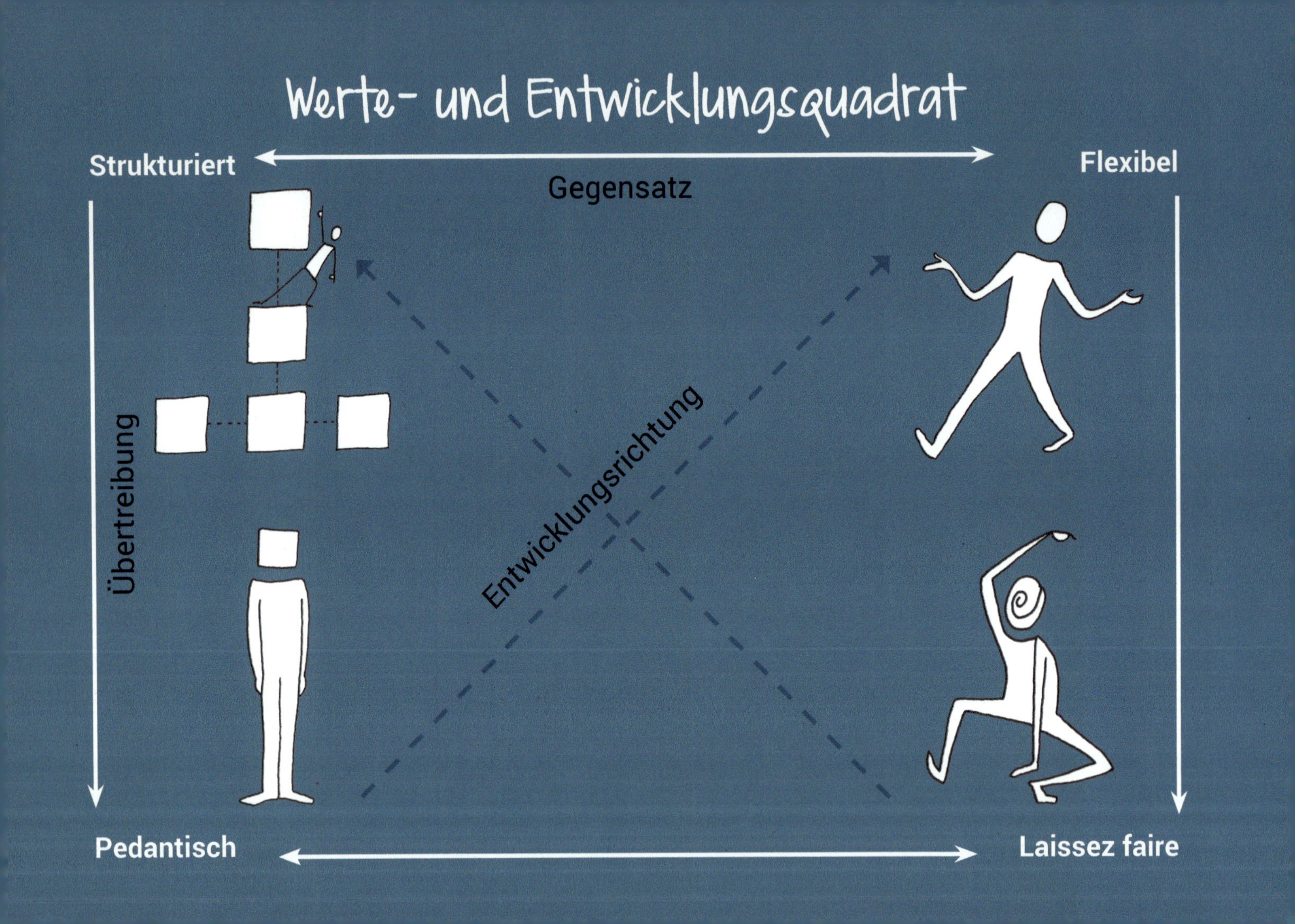
Werte- und Entwicklungsquadrat
Strukturiert
Flexibel
Gegensatz
Übertreibung
Entwicklungsrichtung
Pedantisch
Laissez faire

Werte reflektieren und Ausgleich schaffen

Nutzen

Das „Werte- und Entwicklungsquadrat" nach Schulz von Thun dient dem Ermitteln und der Reflexion von Verhaltensweisen und Werten. Das Modell macht darauf aufmerksam, dass unliebsame Eigenschaften mit einem positiven Gegenwert in Balance gebracht werden können und dass dort persönliche Entwicklungsmöglichkeiten zu entdecken sind. So können aus empfundenen Schwächen neue Ziele für Verhaltensänderung formuliert werden.

Beschreibung

Hinter jedem Verhalten verbergen sich Werte bzw. Haltungen. Werte sind grundsätzlich positiv. Das Wertequadrat zeigt auf, dass zu jedem Wert ein gegensätzlicher Wert existiert (z.B. Struktur – Flexibilität). Außerdem macht es deutlich, dass es zu jedem Wert auch eine sich negativ auswirkende Übertreibung gibt, ein Extrem. Zum Beispiel kann übertriebenes Strukturieren zur Pedanterie führen und eine zu starke Laissez-faire-Haltung ins Chaos. Das Werte- und Entwicklungsquadrat besteht aus vier Feldern, die in Beziehung zueinander stehen. Die oberen beiden bestehen aus sogenannten Tugenden, während die unteren die entsprechenden Untugenden abbilden. Es wird in der Anwendung Schritt für Schritt aufgebaut, siehe dazu die Beschreibung auf der nächsten Seite.

Hinweis

Das Wertequadrat kann vielfältig eingesetzt werden, wie zum Beispiel für die eigene Reflexion, in Feedback-Gesprächen oder zur Konfliktklärung. Gut einsetzbar ist es bei Konflikten, bei denen die Ansichten stark auseinandergehen.

Beim Aufbau des Werte- und Entwicklungsquadrats kann sowohl mit einer Tugend als auch mit einer Untugend, also einer unliebsamen Eigenschaft, begonnen werden.

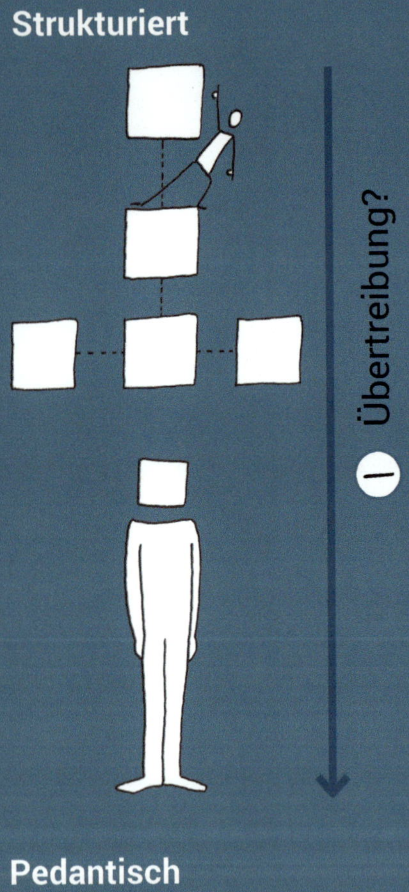

Anwendung Schritt 1

Zunächst wird oben links eine Tugend eingetragen, die als Ressource empfunden wird. Es folgt darunter die negative Übertreibung davon.

→ Hier könnte eine Schwäche liegen.

Anwendung Schritt 2

Zu diesem ersten Paar lassen sich entsprechende Gegenpole finden. Mit diesen wird das Quadrat vervollständigt.

Als Beispiel: Wer ein Team führt und ein neues Projekt angehen möchte, sollte auf eine Struktur bedacht sein, damit das Ziel der Gruppe erreicht wird. Eine gute Vorbereitung ist schließlich unerlässlich. Ein starres Festhalten am geplanten Ablauf kann jedoch zur Stagnation führen.

Eine gute Team- und Projektführung erfordert neben der bedachten Struktur in der Regel auch Spontanität und Flexibilität, um mit unvorhersehbaren Situationen und Inhalten angemessen umgehen zu können.

Die Übertreibung von Spontanität wiederum, ohne Struktur und Plan im Hinterkopf, kann unüberlegtes, affektives Verhalten zur Folge haben. Dadurch können Zeit und Ziel verloren gehen.

Obwohl dieses Modell schnell erklärt ist, zeigt sich in der Praxis oft, dass es in der praktischen Umsetzung anspruchsvoll ist. Deswegen bieten wir unter den Download-Ressourcen eine ausführlichere Anleitung hierzu an.

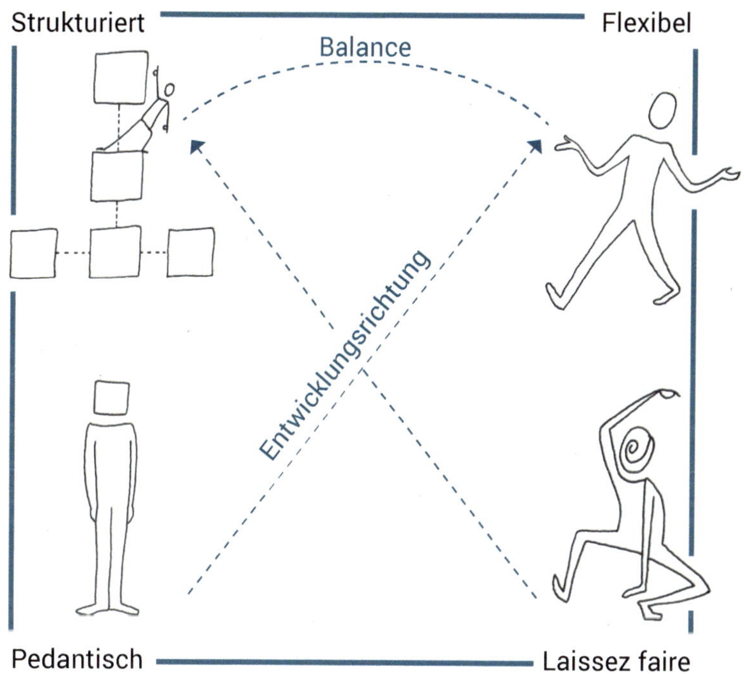

Wertstoffbohrung

Was ist uns wichtig?

Nutzen

Die sogenannte „Wertstoffbohrung" der Trainerinnen Amelie Funcke und Gabriele Braemer dient zur Konfliktlösung in Teams. Sind unter den Teammitgliedern Dissonanzen vorhanden, so hilft die Ermittlung von Werten und Haltungen anhand dieses Tools, einen gemeinsamen Konsens zu erarbeiten. Neben der Bearbeitung von Störungen im Team können mit Werteermittlungen auch grundsätzliche gemeinsame Kommunikationsregeln aufgestellt werden. Ein Abgleich der Werte im Team kann auch dann sinnvoll sein, wenn neue Teammitglieder hinzugekommen sind.

Beschreibung

Jede Person bekommt zwei farbige und drei weiße Moderationskarten. Die erste Frage lautet: *„Was sind für Sie die beiden wichtigsten Werte in der Zusammenarbeit?"*

Die persönlich in diesem Zusammenhang wichtigsten Werte notiert jeder stichwortartig auf den beiden farbigen Moderationskarten.

Bitten Sie die Mitglieder, sich paarweise zusammenzuschließen und sich nacheinander zu ihrem wichtigsten Wert gegenseitig zu interviewen. Die weißen Moderationskarten dienen dazu, während des Interviews darauf zu notieren, weshalb der Wert wichtig ist.

Die Teammitglieder befragen sich also nach ihren wichtigsten Werten. Zum Beispiel: *„Welche Werte sind für Dich wichtig, damit Zusammenarbeit gut klappt?"*

An einer Wand können die Werte und Begriffe gesammelt werden, um anschließend konkrete und detaillierte Fragen zu den einzelnen Werten zu stellen. Zum Beispiel *„Was genau bedeutet ‚Verlässlichkeit' für Dich?"* Damit können Begrifflichkeiten und Übereinstimmungen geklärt und vertieft werden.

Welcher Wert ist für Dich der wichtigste?
Verlässlichkeit
Was ist Dir an dem Wert „Verlässlichkeit“ so wichtig? Wozu dient das?
Es geht darum, vertrauen zu können.
Warum ist Dir „Vertrauen können“ so wichtig?
Dann muss ich nicht alles nachkontrol-lieren.
Was bedeutet es, nicht nachkontrollieren zu müssen?
Zeitersparnis und bessere Aufgabentei-lung, weniger Ärger.

Aus den Karten lässt sich eine Wertematrix mit Informationen erstellen, die gut zur Teamentwicklung genutzt werden kann. Dazu wird dann die Bedeutung der erarbeiteten Werte für die Zusammenarbeit abgewogen und abgestimmt:

- *„Welche relevanten Werte fehlen und wieso?"*
- *„Welche für individuelle Teammitglieder wichtigen Werte haben im restlichen Team keine große Resonanz gefunden und wieso nicht?"*

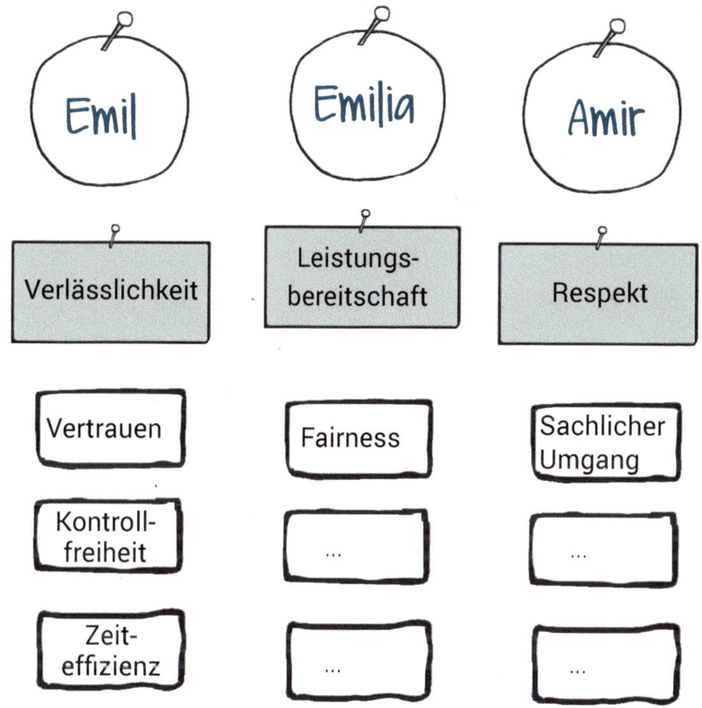

Hinweis

Ob auch der Wert auf der zweiten farbigen Karte bearbeitet wird, hängt davon ab, wie viel Zeit zur Verfügung steht und wie sehr die aktuelle Situation das Wahrnehmen der Werte der Einzelnen erfordert. Wird, wie im Beispiel, der Bereich der Zusammenarbeit thematisiert, können Wertlegungen auch gut durch Skalierungsfragen in der Gruppe ermittelt werden.

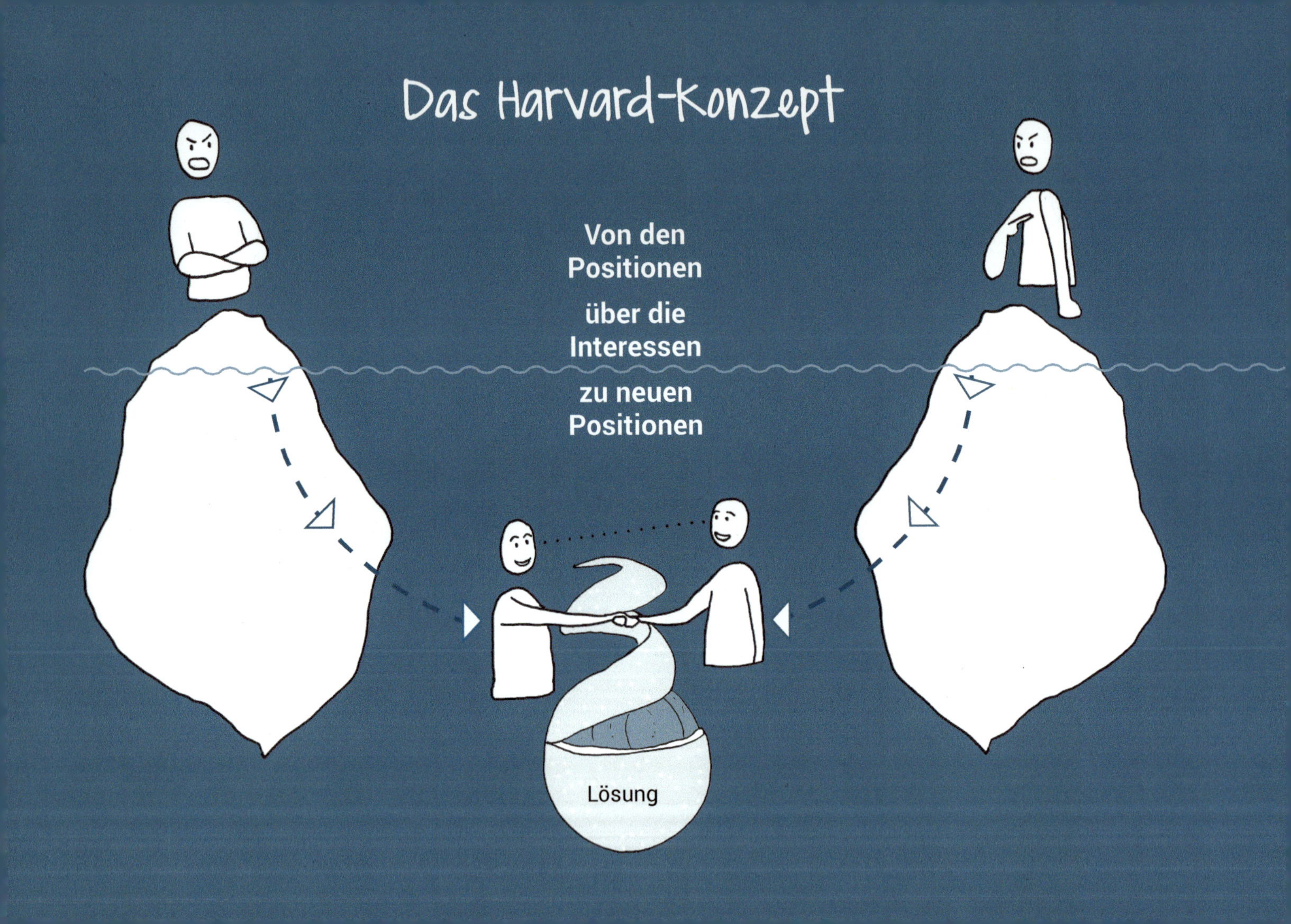
Das Harvard-Konzept
Von den Positionen
über die Interessen
zu neuen Positionen
Lösung

Sachbezogenes Verhandeln

Nutzen

Das Harvard-Konzept ist ein guter Weg, um bei Konflikten das Bestmögliche zu erreichen – also eine Win-win-Situation für die Konfliktparteien herbeizuführen. Dies führt im Team zu einer höheren Zufriedenheit und einer höheren Motivation, als sie Kompromisse erzeugen können.

Beschreibung

Um gemeinsame Lösungsoptionen zu entwickeln, müssen die Parteien verstehen, was ihre eigentlichen Interessen, Motive, Bedürfnisse und Bedenken sind. Denn unterschiedliche Positionen müssen nicht immer unterschiedliche Interessen bedeuten, sie müssen nicht zwingend im Interessenkonflikt stehen. Erst wenn die jeweiligen Interessen bewusst sind, ist der Weg zu einer Win-win-Lösung frei. Um die eigenen Interessen und auch die der anderen Partei zu verstehen, eignet sich z.B. das Modell des inneren Teams (s. S. 52). Beim Verhandeln gilt der Grundsatz: hart in der Sache – sanft in der Beziehung!

Hinweis

Erst, wenn die Beziehungsebene geklärt ist, lässt sich sachbezogen verhandeln. Je gründlicher die Klärung der Motive, Bedürfnisse und Bedenken erfolgt, desto nachhaltiger ist die Lösung.

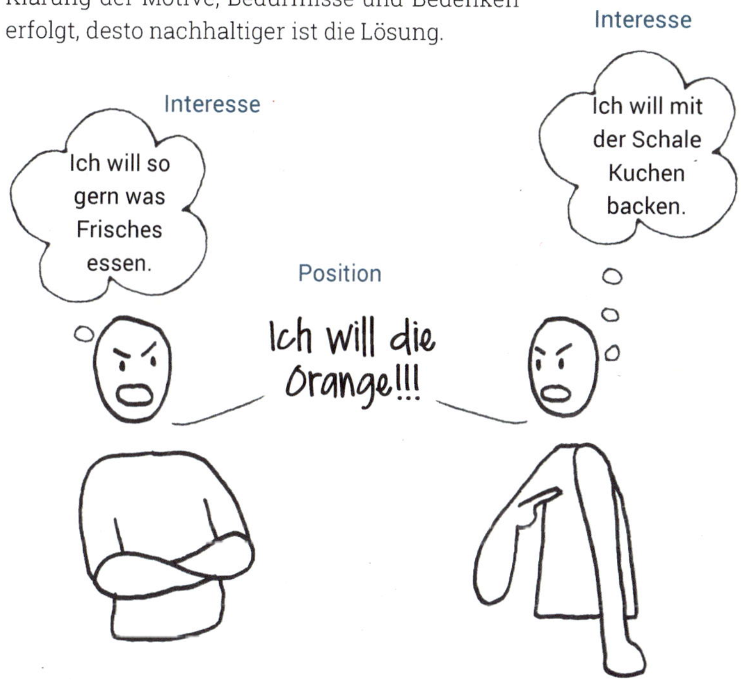

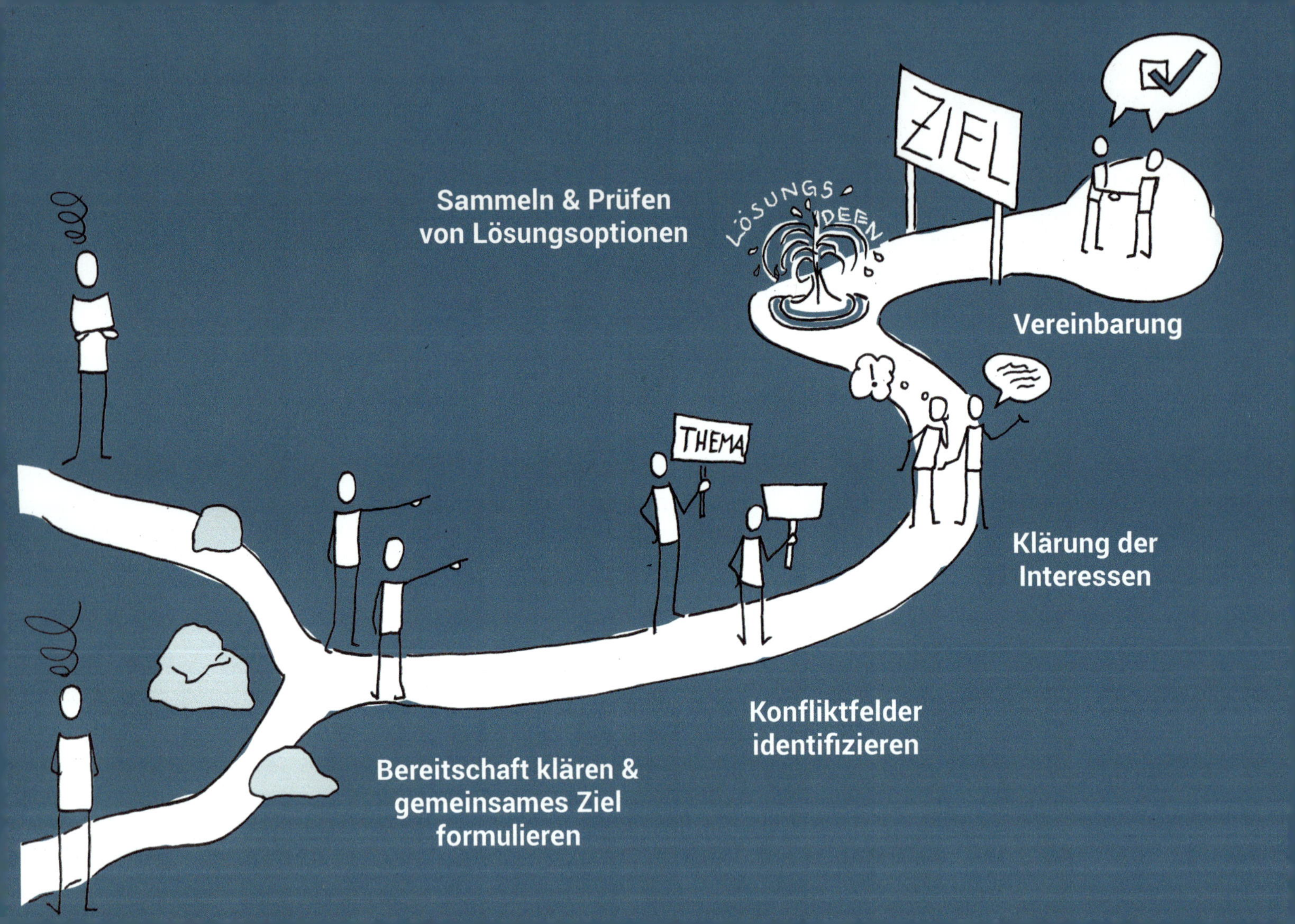
Bereitschaft klären & gemeinsames Ziel formulieren
THEMA
Konfliktfelder identifizieren
Klärung der Interessen
LÖSUNGS IDEEN
Sammeln & Prüfen von Lösungsoptionen
ZIEL
Vereinbarung

Konflikte moderieren nach dem Harvard-Konzept

Beschreibung

Bei einem Konfliktgespräch werden fünf Phasen durchlaufen: Zunächst werden Erwartungen und Fragen zur Verhandlung geklärt und das gemeinsame Ziel formuliert. Dann legen die Parteien ihre Sichtweisen dar: Worum geht es, was ist strittig, was unstrittig? Daraus werden die Konfliktfelder identifiziert und anschließend werden die Wahrnehmungen, Bedürfnislagen und Missverständnisse geklärt.

Wenn das gegenseitige Verständnis (heißt nicht Einverständnis) erreicht ist, werden Ideen für den Lösungsweg gesammelt und von den Teilnehmenden bewertet. Von den Lösungsoptionen wird die passende ausgewählt. Die Übereinkunft kann schriftlich festgehalten werden. Folgende Kriterien gelten bei der Verhandlung:

- **Menschen**
  Sachbezogen verhandeln bedeutet, zwischen der Sache und der Beziehung zu trennen. Das heißt, der Fokus liegt nicht auf der Person, sondern auf dem gemeinsamen Ziel.

- **Interessen**
  Wichtig ist das Erkennen der jeweiligen Interessen. Nicht die Positionen, sondern die Interessen stehen im Mittelpunkt: *„Wofür/aus welchem Grund ist Ihnen das wichtig?"*

- **Objektive Kriterien**
  Das Ergebnis soll auf objektiven Entscheidungsprinzipien aufbauen. Dazu braucht es neutrale Beurteilungskriterien.

- **Optionen**
  Vor der Entscheidung sollten gemeinsam verschiedene Lösungsmöglichkeiten entwickelt werden.

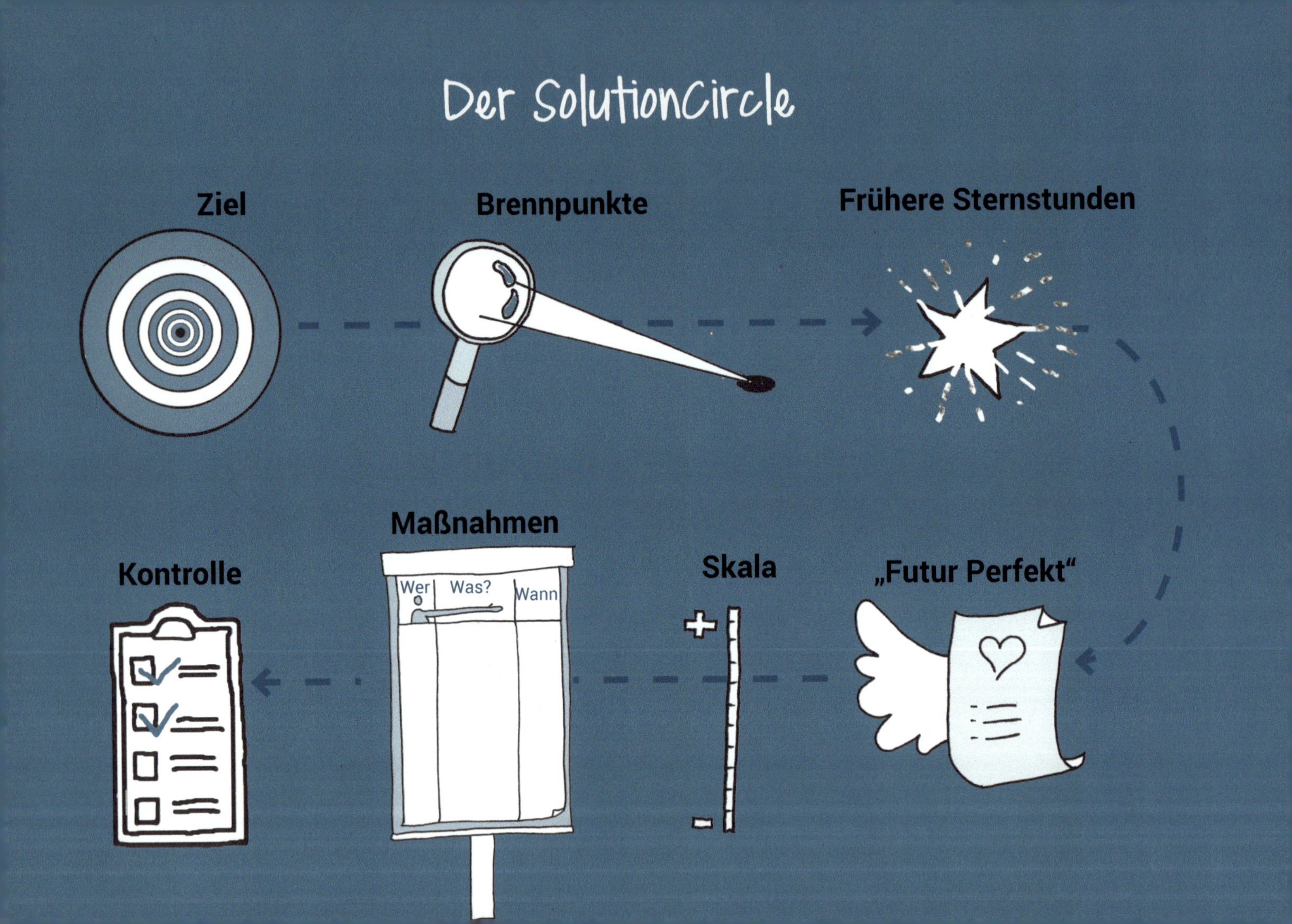
Der SolutionCircle
Ziel
Brennpunkte
Frühere Sternstunden
„Futur Perfekt“
Skala
+
-
Maßnahmen
Wer
Was?
Wann
Kontrolle

Ins Handeln kommen

Nutzen

Die Arbeit im Team stagniert? Der von Business-Coach Daniel Meier entwickelte „SolutionCircle“ kann eingesetzt werden, wenn das Team schnell und effizient in Handlungsfähigkeit versetzt werden soll. Der Schwerpunkt der Methode liegt nicht in der Analyse von Konflikten, sondern in der zukunftsorientierten Strategieentwicklung. Die vorhandenen Ressourcen des Teams werden genutzt, um Lösungswege zu entwickeln.

Beschreibung

Lösungen werden aus Stärken und nicht aus Defiziten im Team entwickelt. Konkrete Schritte helfen Ihnen dabei, konstruktiv und gemeinsam anstehende Vorhaben und Veränderungen anzugehen. Die Schritte werden auf den folgenden Seiten im Einzelnen vorgestellt. Wichtig ist, dass Sie zu Beginn klarstellen, dass die Person, die das gemeinsame Vorgehen anleitet, keine inhaltlichen Lösungsvorgaben macht und dass die Ideen und Lösungen alle ausschließlich von den Teilnehmenden kommen werden.

Hinweis

Die Durchführung des Tools erfordert Erfahrung in der Moderation. Wenn Sie selbst das Team anleiten, sollten Sie vorher ausdrücklich Ihre „Schiedsrichter“-Rolle klarstellen: Sie sind dafür zuständig, den Prozess zu moderieren. Inhalte und Lösung kommen nur vom Team selbst. Achten Sie darauf, sich daran zu halten und wirklich neutral zu agieren! Alternativ kann auch eine außenstehende Person den Prozess moderieren, zu der die Teilnehmenden Vertrauen haben – das sichert größere Neutralität.

Einzelne der im Folgenden vorgestellten Schritte können Sie auch unabhängig vom SolutionCircle als eigenständige Methoden verwenden.

Woran werdet Ihr merken, dass Ihr dieses Ziel erreicht habt?

Die Erwartungen und Ziele

Vor Beginn sollten Sie (alternativ eine moderierende, außenstehende Person) Ihre neutrale Position und die Aufgabe des Teams beschreiben. Sie schaffen für diesen gemeinsamen Prozess die Struktur und den Rahmen, koordinieren den Verlauf und stellen Fragen, während die Teammitglieder die Antworten geben, den Inhalt bestimmen und Lösungen entwickeln.

Sammeln Sie außerdem zu Beginn Verhaltens- oder Kommunikationsregeln ein, die für das Gelingen des SolutionCircles wichtig sind. Gemeint sind „Spielregeln der Zusammenarbeit", wie zum Beispiel: „zu Ende reden lassen". Wenn in der späteren Diskussion Verhaltensmuster auftauchen, die die Atmosphäre stören, können Sie diese sehr einfach mit einem Verweis auf die abgesprochenen Regeln abstellen, statt autoritär auftreten zu müssen.

Sprechen Sie nun auch über die allgemeine Zielsetzung des Treffens und stellen Sie Fragen, um Kriterien für einen Erfolg zu definieren.

- *„Was soll am Ende anders sein als vorher?"*
- *„Was muss passieren, damit sich die Teilnahme an diesem Treffen gelohnt hat?"*
- *„Woran merken unsere Kunden/merkt die Abteilung XY, dass Ihr Euer Ziel erreicht habt?"*

Brennpunkte und Themen definieren

Nachdem der Anlass, das Vorhaben, für das Sie den Solution Circle gestartet haben, klar benannt ist, klopfen Sie mit Fragen ab, welche Aspekte dazugehören:

- *„Woran werden Sie merken, dass Sie dieses Ziel erreicht haben?"*
- *„Welche Themen sind dafür relevant? Wo soll es eine Verbesserung geben?"*

Einiges wurde sicher schon im vorherigen Schritt genannt, was Sie jetzt ebenfalls aufgreifen. Das Einsammeln von Aspekten und Themen geht am besten mit Moderationskarten, die schlagwortartig mit den Antworten der Teilnehmenden

Wo stehen wir im Idealfall in einem Jahr?
Vergangenheit
Jetzt
Zukunft

beschriftet und zusätzlich mündlich erläutert werden. Die Karten werden an eine Pinnwand geheftet, nach Themenbereichen strukturiert und nach Relevanz geordnet. (Für das Ordnen nach Relevanz können die Teammitglieder z.B. jeweils drei Klebepunkte erhalten, mit denen Sie nach dem Sammeln die Ihnen wichtigen Themen markieren.) Es kann sinnvoll sein, eine zweite Pinnwand bereitzuhalten: für genannte Brennpunkte und Themen, die in einen anderen Kontext gehören und erst mal nicht behandelt werden sollen. So stellen Sie sicher, dass solche Beiträge wertschätzend wahrgenommen werden, diese Themen aber nachher aus der Diskussion ausgeschlossen werden können, weil sie sichtbar zur anderen Pinnwand gehören.

Sternstunden

Nun geht es um die Ressourcen Ihres Teams: Fragen Sie danach, welche Dinge in der Vergangenheit gut und konfliktfrei funktioniert haben und warum. Welche Verhaltensweisen und Fähigkeiten waren ausschlaggebend?

- *„In welchen Situationen habt Ihr als Team besonders gut funktioniert?"*

Futur Perfekt

Nach dem Blick in die Vergangenheit fragen Sie nach dem Idealzustand, in dem das Team sich gerne sehen würde. Um das Vorhaben gut zu bewältigen: Wie sollte das Team am besten aufgestellt sein? Wie wäre es strukturiert, wie würden andere das Team sehen?

- *„Wo ist das Team im Idealfall in einem Jahr?"*

Scaling Dance

Bilden Sie auf dem Boden oder an einer Tafel eine Skala ab. Bitten Sie die Teilnehmenden, die Ist-Situation in Bezug auf das Vorhaben auf einer Skala einzuordnen.

- *„Auf einer Skala von 1 bis 10 – wobei 10 den Idealzustand und 1 das Gegenteil darstellt – wo steht Ihr heute bezüglich des Themas xy?"*

Auf einer Skala von 1 - 10 ...
- Wo steht Ihr heute bezüglich
Thema xy?
Was macht den Unterschied zur
nächsten Stufe aus?
Wer
Was?
Wann
Maßnahmenplan

- *„Wie habt Ihr es geschafft, bereits heute auf den Punkt 4 zu kommen? Was macht den Unterschied zwischen der 4 und der nächsten Stufe 5 aus?"*

Maßnahmen

Die Antworten zur Skalen-Frage und die vorher gesammelten Aspekte zeigen auf, was zu tun ist. Anhand der Frage nach den Sternstunden konnte auch herausgestellt werden, wo welche Kompetenzen liegen. Davon ausgehend werden nun konkrete Handlungsalternativen und Maßnahmen entwickelt, mit denen das gewünschte Ziel zu erreichen ist. Fragen Sie dazu ab, welche kleinen Schritte nötig sind, um weiter jeweils die nächste Stufe auf der Skala zu erreichen und welche Kompetenzen hier gefragt sind.

Überprüfen Sie gemeinsam, ob dabei den zuvor benannten relevanten Brennpunkten begegnet wird. Für die nächsten Schritte lassen sich in der Regel auch gut Fristen festlegen. Für diese und auch für die weiter weg liegenden Schritte sollten Sie außerdem Verantwortlichkeiten festlegen. Ein Maßnahmenplan sollte für das ganze Team dauerhaft sichtbar bleiben.

Persönlicher Auftrag

Mit den persönlichen Verantwortlichkeiten sollten Sie konkret benannten Teammitgliedern auch die Aufgabe übertragen, die bewältigten Handlungsschritte jeweils zu überprüfen. Sie sollen dabei schauen, ob diese Schritte weiter im Einklang mit dem gewünschten Ziel stehen. Sind geplante Handlungsschritte nicht möglich oder erweisen sie sich als unproduktiv, muss bei Meetings Rückmeldung gegeben und der Maßnahmenplan überarbeitet werden. Das regelmäßige Feedback betrifft auch die positiven Entwicklungen. Denn diese bewusst wahrzunehmen und dem Team zu kommunizieren, wirkt motivierend für das zu erreichende Ziel.

World Café spezial

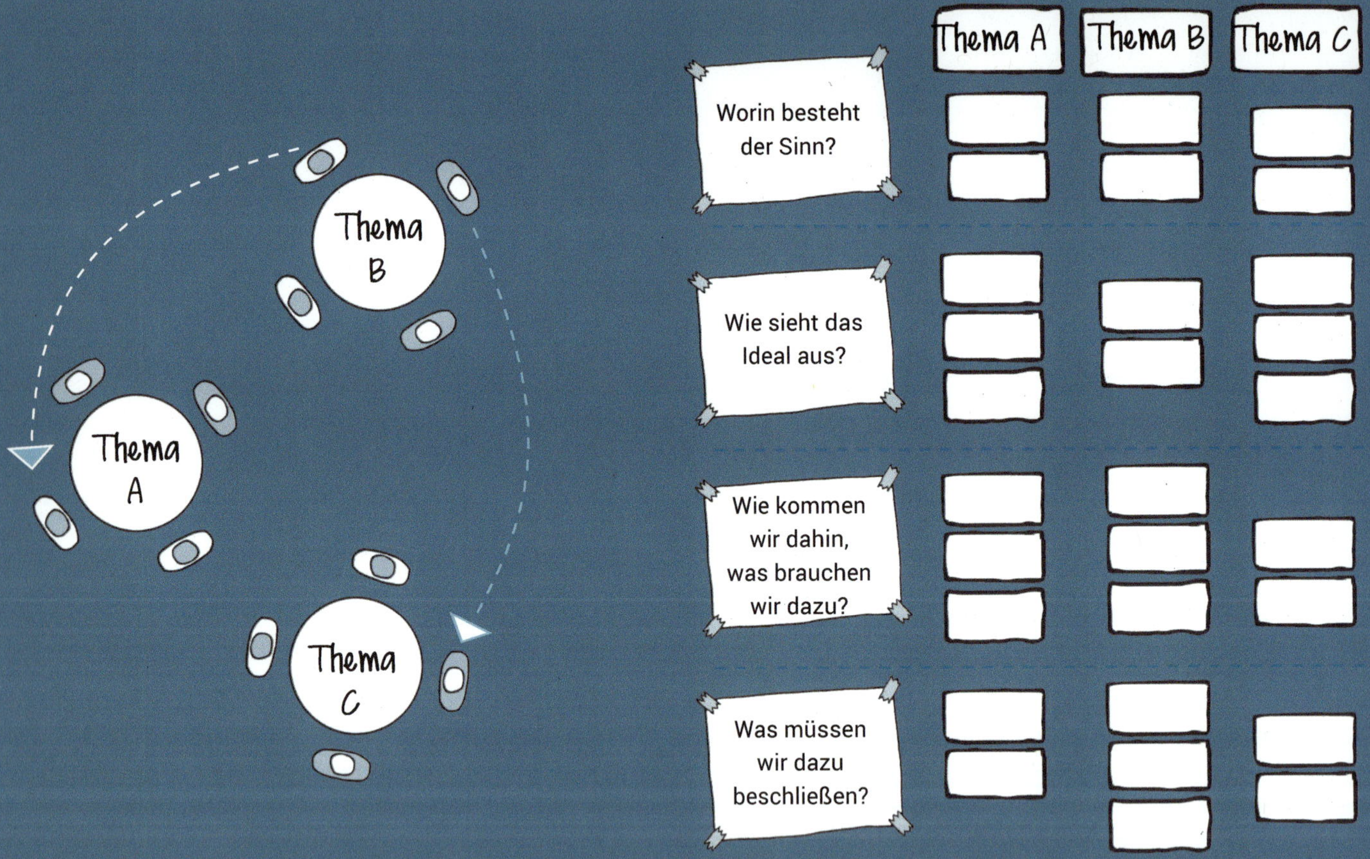

Nutzen

Diese Methode eignet sich, um einen neuen Standpunkt zu einem Thema zu erarbeiten und das kollektive Wissen einer Gruppe zu aktivieren. Es werden Ideen gesammelt, gemeinsame Visionen entwickelt sowie Handlungsschritte und Lösungsstrategien erarbeitet.

Beschreibung

Stellen Sie zunächst die Eingangsfrage: *„Wo hakt es? Bei welchen Themen/Aufgaben steckt Ihr fest?"* Die Teilnehmenden sammeln Themen. Diese werden dann einzeln auf die Tische verteilt. Die Teilnehmenden gehen dann in möglichst gerader Zahl an die Tische. Nun beginnt entlang von vier Leitfragen der Dialog zum jeweiligen Thema. *„Worin besteht der Sinn?"*, *„Wie sieht das Ideal aus?"*, *„Wie kommen wir dahin, was brauchen wir dazu?"* Und: *„Was müssen wir dazu beschließen?"* Die Ergebnisse werden für Nachrücker (in Stichpunkten) schriftlich festgehalten.

Danach bleibt eine Hälfte am Tisch und die andere zieht **nach links** einen Tisch weiter.

Nach der zweiten Runde ziehen die zuvor am Tisch Verbliebenen **nach rechts** zum nächsten Tisch. Die andere Hälfte bleibt am Tisch. Nach sechs Runden haben alle Teilnehmenden mit allen anderen an allen Themen gearbeitet.

Am Ende werden in der letzten Gruppenkonstellation die zentralen Ergebnisse auf Karteikarten geschrieben. Diese werden entsprechend der Leitfragen sortiert, sodass eine übersichtliche Matrix entsteht. Mit den Ergebnissen der vierten Leitfrage kann weitergearbeitet werden.

Hinweis

- Schaffen Sie eine gastfreundliche Atmosphäre und ermutigen Sie jeden, die eigene Meinung zu sagen.
- Wer die Methode des „World Café" kennt, wird hier Elemente wiedererkennen. Anders als das World Café eignet sich die hier beschriebene Methode jedoch zur konkreten Problemlösung, da sie vorgegebene Leitfragen verwendet.

Wäscheleine

Gemeinsame Projekte abschließen

Nutzen

„Die Wäscheleine", eine von dem Management-Trainer Timo Hinrichsen entwickelte Methode, gibt zum Abschluss eines Projekts einen Überblick, ob die erwünschten Ziele erreicht wurden und welche neuen Fähigkeiten und welches neue Wissen hinzugekommen sind. Aus den Ergebnissen können wertvolle Hinweise und Ressourcen für zukünftige Arbeitsprozesse gewonnen werden.

Beschreibung

Bevor es losgeht, befestigen Sie zwischen zwei Pinnwänden eine Wäscheleine und stellen Sie die Pinnwände direkt nebeneinander.

Die ursprünglichen Ziele von einzelnen Mitarbeitern oder des gesamten Teams werden auf Moderationskarten geschrieben und an die linke Wand geheftet: *„Bitte notiert auf Karten, welche Ziele Ihr erreichen wollt."* Bei Bedarf werden die Ziele noch einmal erläutert.

Danach wird an der rechten Wand die Überschrift „erreichte Ziele" enthüllt. Erklären Sie dazu: *„Bitte notiert hierzu auf Karten, welche Ziele Ihr erreicht habt."* Auf Moderationskarten wird dann notiert, was sich im Arbeitsalltag positiv geändert hat, was erreicht wurde. Diese Karten werden an die rechte Pinnwand geheftet.

Anschließend werden die Wände auseinandergeschoben und die Wäscheleine wird sichtbar. Nun folgt eine genaue Abfrage zum abgeschlossenen Prozess: *„Welche neuen Ideen sind Euch gekommen?", „Welche Fähigkeiten konntet Ihr entwickeln, um mit der Situation umzugehen?", „Was macht Ihr anders als vorher?", „Hat sich Eure Arbeitssituation verändert und wenn ja: Woran macht Ihr das fest?"* Die Antworten werden als Moderationskarten an die Wäscheleine geheftet.

Das Team (es können aber auch Einzelpersonen befragt werden) geht einen Schritt zurück, reflektiert gemeinsam den abgeschlossenen Prozess

erworbene Fähigkeiten
& Ressourcen

und wie die neu gewonnenen Fähigkeiten sowie das neu erworbene Wissen in anderen Kontexten angewendet werden können (Transfer): *„Was habt Ihr in dem Prozess Neues über euch erfahren und was habt Ihr vielleicht dazugelernt?"*

„Bitte notiert auf Karten, welche Fähigkeiten und Kompetenzen Ihr entwickelt habt."

„Welche Möglichkeiten seht Ihr, die gewonnenen Fähigkeiten in anderen Kontexten anzubringen?"

Hinweis

- Beim Durchführen des Tools sollte darauf geachtet werden, dass die erreichten Ziele hinreichend erarbeitet wurden. Falls unter „ursprüngliche Ziele" noch Punkte offengeblieben sind, wird nachgeprüft, wie die aktuelle Haltung zu den Punkten ist.
- Sollte sich bei der Zwischenanalyse im zweiten Schritt ergeben, dass ein relevantes Anliegen im Rahmen des Prozesses offengeblieben ist, muss geklärt werden, wie dieser Punkt bearbeitet werden kann.

Literatur

Alf-Jähnig, Rainer; Hanke, Thomas; Preuß-Scheuerle, Birgit: Teamcoaching. Konzeption, Methoden und Praxisbeispiele für den Teamcoach. 4. Aufl., managerSeminare 2018.

Andersen, Tom: Das reflektierende Team. Dialoge und Dialoge über Dialoge. Verlag Modernes Lernen 1990.

Bachmann, Thomas: Rollenklärung. In: Christopher Rauen (Hrsg.): Coaching-Tools II. Erfolgreiche Coaches präsentieren Interventionstechniken aus ihrer Coaching-Praxis. 3. Aufl., managerSeminare 2017.

Cohn, Ruth: Von der Psychoanalyse zur Themenzentrierten Interaktion. 15 Aufl., Klett-Cotta 2018.

de Shazer, Steve: Patterns of Brief Family Therapy. An Ecosystemic Approach. The Guilford Press 1982.

Fengler, Jörg: Feedback geben. Strategien und Übungen. 5. Aufl., Beltz 2017.

Fisher, Roger; Ury, William; Patton, Bruce: Das Harvard-Konzept. Der Klassiker der Verhandlungstechnik. 24. Aufl., Campus-Verlag 2013.

Funcke, Amelie; Braemer, Gabriele: Ein Herz fürs Team. Methodensammlung für Teamworkshops und Teamentwicklungen. 2. Aufl., managerSeminare 2019.

Gellert, Manfred; Nowak, Claus: Teamarbeit, Teamentwicklung, Teamberatung. Ein Praxisbuch für die Arbeit in und mit Teams. 2. erweiterte Aufl., Limmer Verlag 2004.

Glasl, Friedrich: Konfliktmanagement. Ein Handbuch für Führungskräfte, Beraterinnen und Berater.Verlag Freies Geistesleben 2017.

Glotz, Peter: Freiheitliche Demokratie in der Informationsgesellschaft. In: Deutscher Hoch-

schulverband. Glanzlichter der Wissenschaft. Ein Almanach. Lucius und Lucius 1999.
Gordon, Thomas: Managerkonferenz. Effektives Führungstraining. 20. Aufl., Heyne 2005.

Große Boes, Stefanie; Kaseric, Tanja: Trainer-Kit. Die wichtigsten Trainingstheorien, ihre Anwendung im Seminar und Übungen für den Praxistransfer. 7. Aufl., managerSeminare 2018.

Gut, Jimmy; Kühne-Eisendle, Margit: Bildbar. 100 Methoden zum Arbeiten mit Bildern und Fotos in Coaching, Training, in der Aus- und Weiterbildung, Therapie und Supervision. 2. Aufl., managerSeminare 2016.

Heckner, Kathrin; Keller, Evelyne: Teamtrainings erfolgreich leiten. Fahrplan für ein dreitägiges Seminar zur Teamentwicklung und Teamführung. 5. Aufl., managerSeminare 2017.

Hinrichsen, Timo: Wäscheleine. In: Christopher Rauen (Hrsg.): Coaching-Tools III. 3. Aufl., managerSeminare 2018.

Hofstede, Geert; Hofstede, Gert Jan: Lokales Denken, globales Handeln. 5. Aufl., Verlag Ch. Beck 2011.

Knapp, Peter; Novak, Andreas: Effizientes Verhandeln. Konstruktive Verhandlungstechniken in der Praxis. 3. Aufl., Windmühle Verlag 2010.

Luft, Joseph: Einführung in die Gruppendynamik. Ernst Klett Verlag 1972.

Meier, Daniel: SolutionCircle für Teams. In: Christopher Rauen (Hrsg.): Coaching-Tools. Erfolgreiche Coaches präsentieren 60 Interventionstechniken aus ihrer Coaching-Praxis. 10. Aufl., managerSeminare 2018.

Patrzek, Andreas: Fragekompetenz für Führungskräfte. Handbuch für wirksame Gespräche mit Mitarbeitern. Rosenberger Fachverlag 2004.

Patrzek, Andreas: Systemisches Fragen. Professionelle Fragetechnik für Führungskräfte, Berater und Coaches. 2. Aufl., Springer Gabler 2017.

Radatz, Sonja: Einführung in systemisches Coaching. Carl Auer 2006.

Rauen, Christopher (Hrsg.): Coaching-Tools. Erfolgreiche Coaches präsentieren 60 Interventionstechniken aus ihrer Coaching-Praxis. 10. Aufl., managerSeminare 2018.

Rauen, Christopher (Hrsg.): Coaching-Tools II. Erfolgreiche Coaches präsentieren Interventionstechniken aus ihrer Coaching-Praxis. 4. Aufl., managerSeminare 2017.

Rauen, Christopher (Hrsg.): Coaching-Tools III. 3. Aufl. managerSeminare 2018.

Rauen, Christopher: WEWIO. In: Christopher Rauen (Hrsg.): Coaching-Tools II. Erfolgreiche Coaches präsentieren Interventionstechniken aus ihrer Coaching-Praxis. 4. Aufl. managerSeminare 2017.

Schein, Edgar H.: Unternehmenskultur. Ein Handbuch für Führungskräfte. Campus 1995.

Schlippe, Arist von; Schweitzer, Jochen: Lehrbuch der systemischen Therapie und Beratung. 10. Aufl., Vandenhoeck & Ruprecht 2003.

Schmidt, Thomas: Kommunikationstrainings erfolgreich leiten. Der Seminarfahrplan. 12. Aufl., managerSeminare 2020.

Schmidt, Thomas: Konfliktmanagement-Trainings erfolgreich leiten. 6. aktualisierte Aufl., managerSeminare 2018.

Schulz von Thun, Friedemann: Miteinander reden 1 – Störungen und Klärungen. Allgemeine Psychologie der Kommunikation. Rowohlt 2008.

Schulz von Thun, Friedemann: Miteinander reden 2 – Stile, Werte und Persönlichkeitsentwicklung. Differentielle Psychologie der Kommunikation. Rowohlt 2008.

Schulz von Thun, Friedemann: Miteinander reden 3 – Das „innere Team" und situationsgerechte Kommunikation. Rowohlt 2008.

Schwarz, Gerhard: Konfliktmanagement. Konflikte erkennen, analysieren, lösen. 9. Aufl., Gabler 2014.

Seibel, Tobias; Rickert, Katja E.: Teamdynamik entwickeln, begleiten, gestalten. Ein Workbook für Trainer, Coachs und Facilitators. 2. Aufl., managerSeminare 2020.

Thomas, Kenneth W.: Introduction to Conflict Management. Improving Performance using the TKI. Consulting Psychologists Press 2002.

Thomas, Kenneth W.; Kilmann, Ralph.: Thomas-Kilmann Conflict Mode Instrument. Consulting Psychologists Press 2002.

Tuckman, Bruce: Developmental Sequence in Small Groups. Psychological Bulletin 63/6, 1965, S. 384-399.

Watzlawick, Paul; Beavin, Janet; Jackson, Don: Menschliche Kommunikation. Formen, Störungen, Paradoxien.. 8. Aufl., Hans Huber 1990.

Weiterführende Links

www.worldcafe.org
www.carlrogers.de
www.ruth-cohn-institute.org

Die Autorinnen

Josefine Schubert

Ich bin werteorientierte Coach & Kommunikationsmentorin – mit viel Lebenserfahrung, Tiefe und einer klaren Vision: Menschen und Unternehmen durch Umbruch, Unsicherheit oder Neuanfang begleiten – mit Werten als Kompass und Kommunikation als Weg.
Ich arbeite mit Menschen, die sich selbst (wieder) spüren, ihren inneren Kompass finden und in stimmige Bewegung kommen wollen.

Gern nutze ich visuelle Methoden, die das Unsichtbare sichtbar machen – emotional, klar und aktivierend. Sie helfen, komplexe Themen zu strukturieren, emotionale Tiefe zu erfassen und Ergebnisse nachhaltig zu verankern.

- Mehr dazu bei Instagram @wertecoaching
- Meine Website: www.wertecoaching.berlin

Anahita Khodakarami

Meine Überzeugung, dass Kommunikation der Schlüssel für eine höhere Zufriedenheit und Erfolg ist, resultiert aus langjähriger Arbeit im nationalen und internationalen Umfeld.

Die Sensibilisierung für die eigene Wahrnehmung und für die eigenen Kommunikationsmuster und Werte sowie das Entwickeln von Kommunikationsfähigkeiten bilden die Basis meiner Arbeit.

Als Medien- und Kommunikationswissenschaftlerin (Dipl.), als Coach und als Trainerin und Beraterin für interkulturelle Kompetenzen möchte ich Kommunikation bewusst erfahrbar machen.

▶ Kontakt: *Hello@narami.de.*